BIOLOGICAL MYSTERY SERIES PRO 3

デボン紀の生物

群馬県立自然史博物館 監修

土屋 健 著

DEVONIAN CREATURES

技術評論社

はじめに

― 出発点と結論とだけを持ち出せば、
　あっといわせる効果を生むことができる―
　　創元推理文庫『シャーロック・ホームズの生還』より

　技術評論社の"古生物ミステリーシリーズ"第3巻をお届けします。本巻は、古生代第四の時代である「デボン紀」がテーマです。シリーズの3巻にしてはじめて、「一つの地質時代で1冊」という構成になります。

　それだけデボン紀は劇的な時代であり、話題も豊富です。誤解を恐れずに書けば、生命史の主役が無脊椎動物から脊椎動物へと移り変わった時代です。

　デボン紀が始まったとき、地球には脊椎動物は魚類しかおらず、しかもその魚類は体が小さくて、けっして「強い」といえる存在ではありませんでした。

　しかしデボン紀が終わるとき、魚類は海洋生態系の頂点に君臨し、両生類が誕生して上陸にも成功。陸上世界が、生命史の表舞台に本格的に加わることになりました。

　いったい脊椎動物に何があったのか？　その"中間の物語"が、デボン紀の6000万年間に凝縮されています。

　本書の序盤では、デボン紀を代表する化石産地に触れ、当時の海洋世界を俯瞰します。とくに第1章に掲載した、ドイツの美しい標本たちにご注目ください。ええ、これらの標本を「美しい」とお感じになられたら、あなたは、どっぷりと"こちら側"の方です（笑）。

　中盤以降は魚類と、魚類から始まる"上陸作戦"を軸に話を展開していきます。「甲冑魚」や「初期四足動物」が織りなすダイナミックな物語にご注目ください。もちろん、ウミユリや三葉虫、腕足動物にアンモナイト類といった無脊椎動物の情報も織り込みました。あわせてご堪能いただければ、著者として嬉しい限りです。

本シリーズは、群馬県立自然史博物館に総監修をいただいております。同館のみなさまには、今回もお忙しいなか時間を割いていただき、また、同館所蔵の標本の撮影にもご協力いただきました。魚類のイラストに関しては、北海道大学総合博物館の冨田武照研究員にご指導いただきました。魚類の歯は日本歯科大学の笹川一郎教授に、アンモナイト類は三笠市立博物館の栗原憲一研究員に、腕足動物は新潟大学の椎野勇太助教にご協力いただきました。そして、今回も掲載標本に関しては世界中の人々に大変お世話になりました。とくに国立科学博物館、豊橋市自然史博物館のみなさまには、所蔵標本の撮影にご協力いただきました。あらためてお礼申し上げます。

　本シリーズの特徴である華やかなイラストは、えるしまさく氏と小堀文彦氏のイラストです。標本撮影に関しては、筆者と長年の交流のあるプロカメラマンの安友康博氏に尽力いただきました。資料収集や地図作図は妻（土屋香）に手伝ってもらっています。スタイリッシュなデザインは、WSB inc.の横山明彦氏。編集はドゥアンドドゥプランニングの伊藤あずさ氏、小杉みのり氏、技術評論社の大倉誠二氏です。今回も多くのみなさまの支えがあって、本書はつくられています。

　そして、今、この本を手に取ってくださっているあなたに特大の感謝を。本書はシリーズの第3巻ですが、いきなりこの巻からお読みいただいてもお楽しみになれる仕様をめざしました。ただし、壮大な生命史をご堪能いただくには、ぜひとも、第1巻からお手に取ってみてくださいませ。

　それでは、今回も、魅惑的な古生物の世界をお楽しみください。

2014年6月
筆者

目次

地質年表 ……………………………………………… 6

1 デボン紀の窓「フンスリュック」……………… 8
ドイツ、ラインスレート山地 ………………………… 8
カンブリア爆発の"生き残り"たち …………………… 9
ヒトデの仲間たち …………………………………… 15
甲冑魚たち ………………………………………… 18
そのほかいろいろ、フンスリュックの動物たち…… 20
デボン紀という時代 ………………………………… 24

2 陸の"最初の窓"が開く …………………… 28
スコットランド、ライニー …………………………… 28
「真の陸上植物」の進出 ……………………………… 29
酸素濃度の乱高下 …………………………………… 32
最古のダニと最古のトビムシ ………………………… 33
そのほか、さまざまな動物たち ……………………… 36

3 大魚類時代の確立 ………………………… 38
これまでの魚類史を振り返ってみる ………………… 38
絶頂期に到達した無顎類 …………………………… 40
そして、無顎類の時代は終わる …………………… 43
板皮類、水圏の覇権を握る ………………………… 44
"鎧の腕"をもつ「ボスリオレピス」…………………… 46
へその緒をもつ「マテルピスキス」…………………… 52
最強の甲冑魚「ダンクレオステウス」………………… 54
板皮類には腹筋も…… ……………………………… 58
板皮類は、ヒトの直系の祖先？ ……………………… 58
サメ類の勃興 ………………………………………… 60
顎をもつものたちの関係 …………………………… 63
シーラカンス、出現する …………………………… 66
シーラカンス、多様化する ………………………… 69
空気呼吸をする魚の登場と繁栄 …………………… 70
雌伏を続ける条鰭類 ………………………………… 72
歯の起源と進化 ……………………………………… 73

4	**大魚類時代の舞台** ················· 76
	デボン紀の礁世界 ················· 76
	腕足動物の「無気力戦略」 ················· 76
	ウミサソリ、カブトガニ、サソリの"今" ········ 79
	一風変わったウミユリ ················· 81
	丸くなったアンモナイト類 ············· 84
	"あだばな"を咲かせた三葉虫 ··········· 87

5	**デボン紀後期の大量絶滅** ················· 102
	海だけの滅びか ················· 102
	隕石が衝突したのか ················· 103

6	**脊椎動物の上陸作戦** ················· 106
	陸上進出は2回あった！？ ············· 106
	発見された「最古の足跡」 ··············· 107
	腕のある魚、「サウリプテルス」 ·········· 110
	魚雷型肉鰭類「ユーステノプテロン」と
	ローマーの仮説 ················· 111
	平たい顔の「パンデリクチス」 ············ 115
	腕立て伏せする魚「ティクターリク」 ········ 116
	8本指の「アカントステガ」 ············ 120
	そして「イクチオステガ」 ··············· 123
	アカントステガかイクチオステガか ········ 126

	エピローグ ················· 128
	革命はあっというま ················· 128
	ところで、ゴンドワナでは？ ············ 128

もっと詳しく知りたい読者のための参考資料 ············ 130
索引 ················· 134

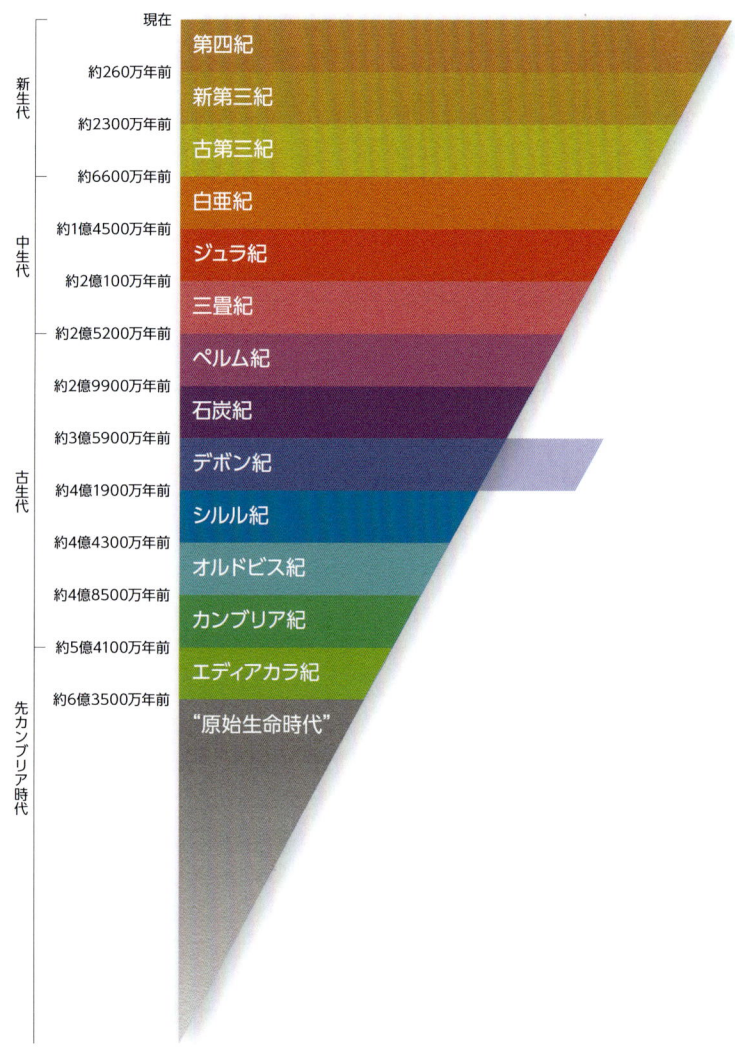

デボン紀

デボン紀

1 デボン紀の窓「フンスリュック」

■ ドイツ、ラインスレート山地

　デボン紀は、今から約4億1900万年前に始まった。以後、約6000万年間にわたって、古生代第四の時代の物語が紡がれていくことになる。

　最初からネタを明かしてしまえば、この時代はとくに脊椎動物の歴史にとって大きな意味をもっている。一つ前の地質時代であるシルル紀まで、唯一の脊椎動物として存在していたのは魚類だった。当時の魚類は体も小さく、生態系のなかでは弱い立場にあった。それが、デボン紀になって、海洋生態系のトップへと躍り出たのだ。そればかりか、四肢を獲得した両生類が生まれ、陸地へと進出を始めるのもデボン紀である。つまりこの時代に、脊椎動物は現在に至るまでの"水圏の支配権"を確立し、陸上進出の足がかりをつくったのだ。

　デボン紀は「革命の時代」といってもいいかもしれない。無脊椎動物が中心になって紡いできた生命史の物語の"主役"の座を、脊椎動物がとってかわることになったからである。

　デボン紀の世界を覗き見る最初の"窓"は、ドイツの「フンスリュック」だ。

　フンスリュックはドイツ西部に位置する丘陵である。ラインスレート山地の一部で、ここに「フンスリュックスレート」とよばれる地層が分布している。「スレート」とは、日本語で「粘板岩」のこと。元をたどれば砂や泥であり、それらが変成作用を受けてかたくなったものである。「板岩」という漢字が示唆するように、薄く板状に割れる。色は総じて黒灰色だ。こうした性質があることから、屋根瓦や外壁などの建築材料として古くから重宝されてきた。

　ドイツ西部は、かつてスレートの一大産出地だった。

現在ではスレートの採掘は停止しているものの、20世紀末までは採石場が実際に稼働していた。とくにブンデンバッハとよばれる地域は、近年まで稼働していた唯一の採石場を擁していたため、「フンスリュックスレート＝ブンデンバッハ」というイメージが定着している。

　フンスリュックスレートから産出する化石には特徴がある。スレートの板に、動物たちが"閉じ込められている"のだ。映画やアニメ、漫画などで「壁に埋め込まれた人」という描写をご覧になったことがある方もいるだろう。壁から首や手足が出ていて、胴体などが壁の中にあるというシーンである。

　フンスリュックスレートの化石は、まさにこの「壁に埋め込まれた人」と同じようなスタイルで、板から一部だけが盛り上がって確認できる。すばらしいのは、その保存だ。ある放射線科学者が自分の興味でX線を化石に照射したところ、軟組織の細部が残されていることが確認されたのである。

　フンスリュックスレートの化石の特徴はもう一つある。化石に残りやすい硬組織も、化石に残りにくい軟組織も、ともに黄鉄鉱とよばれる鉱物に置換しているのだ。黄鉄鉱への置換は、オルドビス紀の三葉虫を保存した「ビーチャーの三葉虫床」（第2巻『オルドビス紀・シルル紀の生物』参照）など、ごくわずかな場所でのみ確認されるものである。

　フンスリュックスレートの時代はデボン紀のごく初期で、年代は幅があるものの、約4億年前のものである。そこには、当時の深海の動物たちが記録されている。……と、本格的なデボン紀の話を始める前に、まずは少し時代を遡りながら、カンブリア紀から"命脈"を受け継いだグループを見てみよう。

｜カンブリア爆発の"生き残り"たち

　古生代最初の時代であり、動物の爆発的進化のあったカンブリア紀は、約5億4100万年前に始まり、約4億8500万年前まで続いた時代である。本書のテーマであ

▲1-1
アノマロカリス類
アノマロカリス・カナデンシス
Anomalocaris canadensis
体長1mにおよぶ巨体のもち主で、カンブリア紀生態系の頂点に君臨していた。

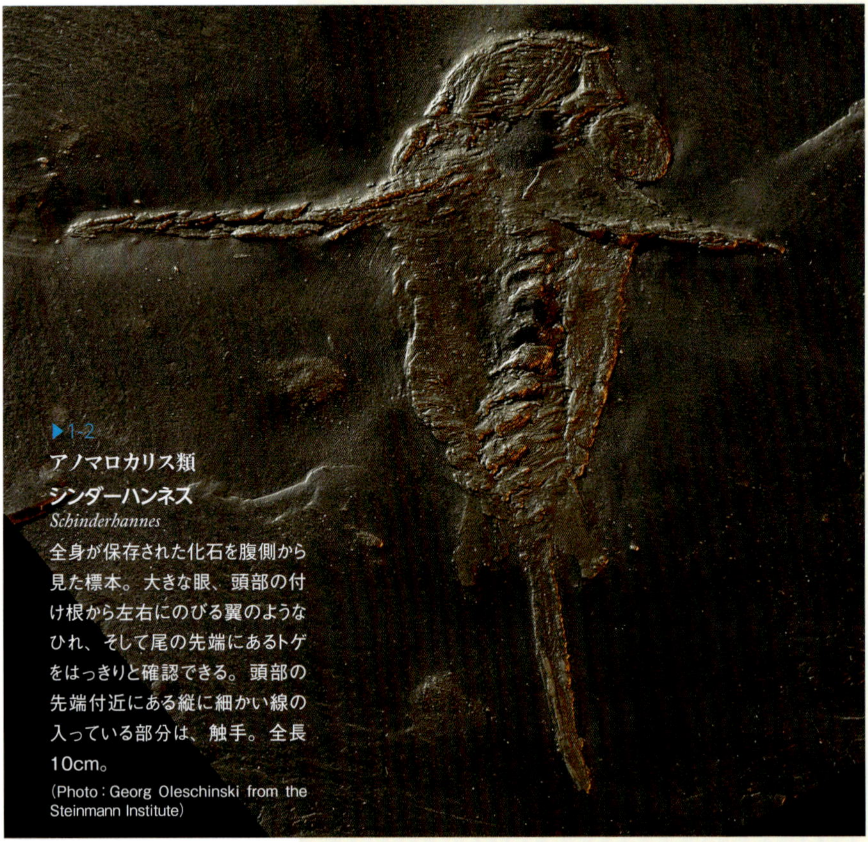

るデボン紀の始まりから見ると、6600万年以上昔のことである。ちょうど、現在から見た恐竜時代のような時間関係だ。このカンブリア紀からの"生き残り"がフンスリュックでも確認されている。

たとえば、カンブリア紀の代表的な動物だったアノマロカリス類である。**アノマロカリス・カナデンシス**(*Anomalocaris canadensis*)[1-1]などの体長1mにおよぶ大型種を含むグループで、ひれのあるナマコのような体に大きな眼と大きな触手(付属肢)があった。カンブリア紀生態系の頂点にいたとされる動物である。アノマロカリス類は、多かれ少なかれ同様の特徴をもちあわせており、2011年には、その全身の復元像は不明ながらも、古生代第二の時代であるオルドビス紀の地層からも部

▶1-2
アノマロカリス類
シンダーハンネズ
Schinderhannes
全身が保存された化石を腹側から見た標本。大きな眼、頭部の付け根から左右にのびる翼のようなひれ、そして尾の先端にあるトゲをはっきりと確認できる。頭部の先端付近にある縦に細かい線の入っている部分は、触手。全長10cm。
(Photo：Georg Oleschinski from the Steinmann Institute)

シンダーハンネスの復元図

大きな触手のほか、特徴的な円形の口も確認された。なお、尾部の底にある穴は肛門とみられており、よく見ると左ページの標本画像でもこの穴を見つけることができる。

分化石が報告されている。

　第三の時代、シルル紀の地層からは、2014年の本書執筆時点でアノマロカリス類の報告はない。しかし、デボン紀の地層であるフンスリュックスレートからは、2009年に、ドイツ、ボン大学のガブリエル・クールたちによって化石が報告されている。

　このアノマロカリス類の学名を「**シンダーハンネス・バルテルシ**（*Schinderhannes bartelsi*）」という。[1-2]

　シンダーハンネスは、体長10cmと小柄ながら、アノマロカリス類に特徴的な2本の触手が確認できる。頭部に1対の眼をもち、頭部と胴部の境界付近には飛行機の翼のような鋭いひれがあった。アノマロカリス類に共通する円形の口も確認された。胴部には節構造があり、その最後尾は小さな尾翼状で、尾の先端はトゲのように尖っていた。そして触手および眼の構造は、カンブ

▼1-3

アノマロカリス類
フルディア
Hurdia

カンブリア紀のアノマロカリス類の一種。シンダーハンネスと共通点が多い。

 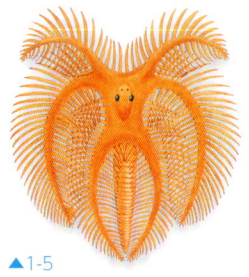 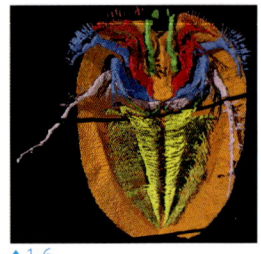

▲1-4
マレッラ
Marrella
カンブリア紀に生息。

▲1-5
フルカ
Furca
オルドビス紀に生息。

▲1-6
キシロコリス
Xylokorys
シルル紀に生息。(Photo：David Siveter)

◀▲1-7
マレロモルフ類
ミメタスター
Mimetaster

カンブリア紀のマレッラ以降、脈々と受け継がれてきたマレロモルフ類の系統の1種。幅は数cmほどで、背中に6本のトゲのある"板"を背負う。左の復元図は、背中側から描いたもの。
（Photo：オフィス ジオパレオント）

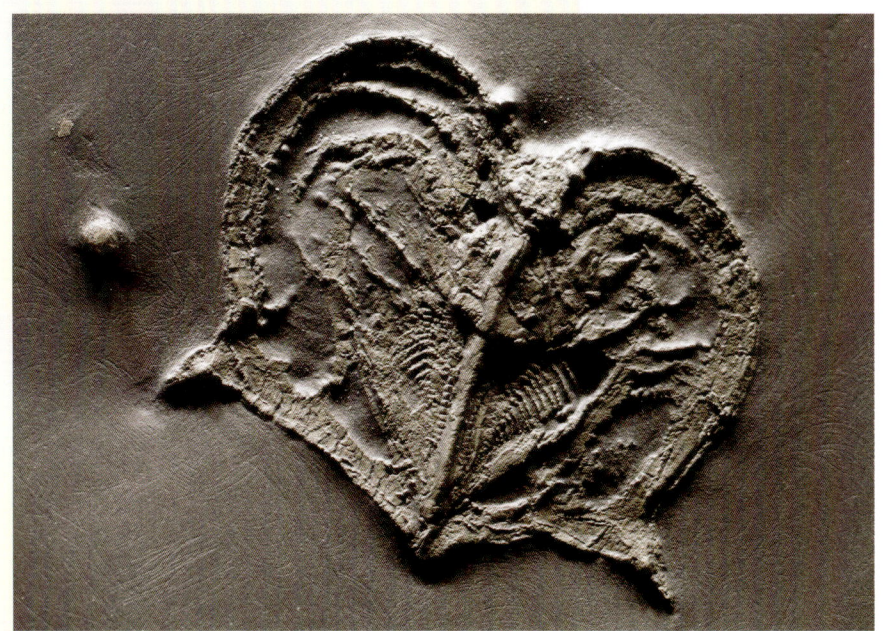

リア紀のアノマロカリス類**フルディア**（*Hurdia*）¹⁻³ に近いとみられている。

　ほかにカンブリア紀の"命脈"を色濃く受け継いだグループとしては、「マレロモルフ類」の化石もフンスリュックスレートから発見されている。マレロモルフ類は、カンブリア紀の**マレッラ**（*Marrella*）¹⁻⁴ に代表されるグループで、オルドビス紀の地層からは**フルカ**（*Furca*）¹⁻⁵、シルル紀の地層からは**キシロコリス**（*Xylokorys*）¹⁻⁶ がそれぞれ報告されていた。

　フンスリュックスレートから報告されているマレロモルフ類は2種類ある。**ミメタスター・ヘキサゴナリス**（*Mimetaster hexagonalis*）¹⁻⁷ と、**ヴァコニシア・ロゲリ**（*Vachonisia rogeri*）¹⁻⁸ だ。

　ミメタスターは体長数cmで、ちょっと変わった"アンテナ"を背負っている。1〜2cmほどの円形の中心部から、六方向にトゲをのばしているのだ。このアンテナはどちらかといえば、VHFのテレビ放送の受信に使われていた八木アンテナに近く、太い芯から左右に細いトゲがのびている。この細いトゲはアンテナの根元の

▲1-8
マレロモルフ類
ヴァコニシア
Vachonisia

ミメタスターと同じくマレロモルフ類の系統。ただし、キシロコリスと同じように背に殻を背負う。ミメタスターよりもはるかに稀少な種として知られる。サイズはミメタスターとほぼ同じ。上の復元図は、腹側から見たヴァコニシア。このアングルで見ると、ほかのマレロモルフ類（P.12参照）とよく似た体つきをしていることがわかる。

（Photo：Peter Hohenstein & Klaus Bartl）

方が長く、先端にいくと短くなる。この"六方向アンテナ"の下に"本体"がある。

本体の形は、マレッラとよく似ている。頭部からは前方に向かって触角が1対のび、その付け根に近い位置に複眼がある。複眼は、カタツムリの眼のように、ちょっとした軸の先に付いている。そのほかに1対の単眼も確認されている。また、自身の体長をこえる長さの脚（付属肢）が1対、体長よりもやや短い付属肢が1対、さらに短い付属肢が5対ある。複数個体がまとまって発見されることが多く、群れて生活していたものとみられている。

一方、ヴァコニシアは、ミメタスターよりもはるかに希少な動物である。ミメタスターの標本が2010年の時点で120以上確認されているのに対し、ヴァコニシアは2008年の時点で6標本が確認されているにすぎない。

ヴァコニシアは、シルル紀のキシロコリスと同じように、全身をすっぽりと隠す殻をもっている。キシロコリスの殻との大きなちがいは、キシロコリスの殻がリンゴの断面のような形状をしているのに対し、ヴァコニシアの殻はまるでマントのような形状をしているという点にある。前方左右にマントの肩当て部分のような丸みがあり、後方は横に広がって、風になびく裾のような形状なのだ。この殻を取ってしまえば、ほかのマレロモルフ類とよく似た本体がある。

2010年にミメタスターの再記載を行ったドイツ、ボン大学のガブリエル・クールと、ジェス・ラストの研究によれば、これまでに紹介した5つのマレロモルフ類は、殻をもつキシロコリスとヴァコニシア、殻をもたないマレッラとミメタスターが、それぞれ近縁とされる。クールたちによれば、フルカについては、位置づけが不明とされている。

その一方で、チェコ、チャールズ大学のステファン・ラックたちが2012年に発表した研究では、フルカはミメタスターに近縁であるとされた。このあたり、研究者間のコンセンサスを得るまでには、今少し時間が必要なのかもしれない。

ヒトデの仲間たち

　フンスリュックスレートから産出する化石に関しては、ドイツ採鉱博物館のクリストフ・バーテルたちによる『The fossils of the Hunsrück Slate』（1998年刊行）が詳しい。ここから先は、同書を参考資料の主軸として、話を進めていこう。

　フンスリュックスレートで最も多く発見されている化石は、棘皮(きょくひ)動物のものである。つまり、ヒトデやウミユリの仲間たちだ。

　ヒトデは合計14属報告されている。その多くは、5本の腕をもつ星形の姿をしており、一見して「ヒトデ」とわかる。しかし、なかには珍妙な形をしているものもいる。代表的な2種類を挙げよう。

　一つは、「ヒトデ史上最大級」と名高い**ヘリアンサスター**（*Helianthaster*）である。1-9 最も大きい個体では、直径50cmをこえる。

　ヘリアンサスターの特徴は大きさだけではない。円盤状の体から飛び出した長い腕は、合計16本を数えるのである。

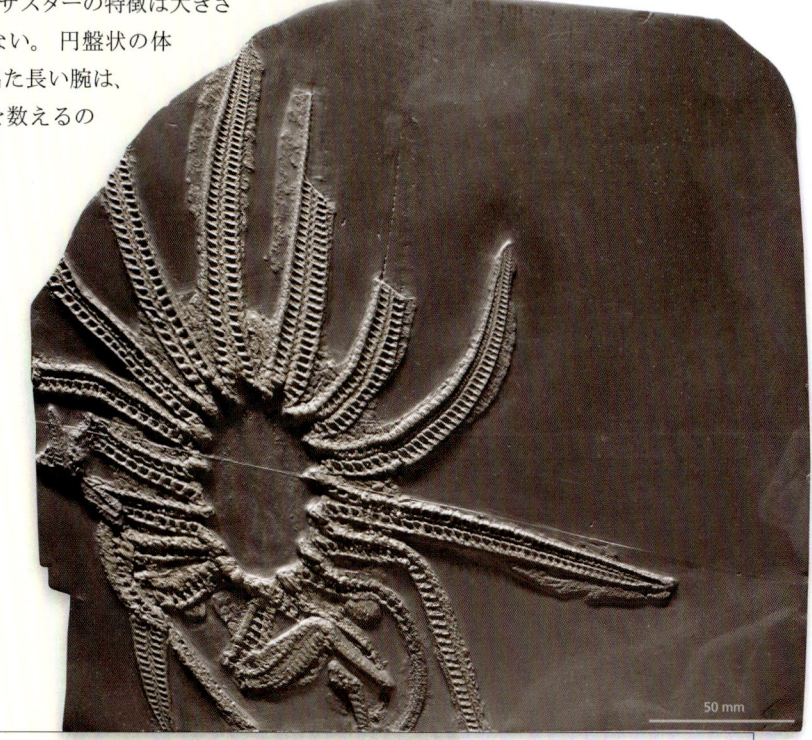

▼1-9

ヒトデ類
ヘリアンサスター
Helianthaster
生命史上、最大級のヒトデ。大きなものでは直径50cmをこえることもある。円盤状の体から、16本におよぶ太く長い腕がのびる。
(Photo：Peter Hohenstein & Klaus Bartl)

▲1-10

ヒトデ類
パレオソラスター
Palaeosolaster

直径25cmをこえる大型のヒトデ。腕の数が25本以上ある。なお、「5本腕」以外のヒトデは現生でも数種が存在している。フンスリュックスレート動物の専売特許というわけではない。

(Photo：Peter Hohenstein & Klaus Bartl/Naturhistorisches Museum/Lsndessammlung Rheinland-Pfalz, Mainz)

　もう一つは、パレオソラスター（*Palaeosolaster*）1-10 である。ヘリアンサスターにおよばないものの、こちらもなかなかの大きさのもち主で、直径25cm以上になる。ヘリアンサスターの円盤状の体は比較的小型だが、パレオソラスターのそれは、腕を飲み込むかと思うくらい大きい。さらに、腕の総本数は25～29本あるという変わり種だ。

　次にウミユリである。フンスリュックスレートで報告されているウミユリ類は、じつに30属60種をこえる多様性がある。なかには、柄の長さが1m以上になる巨大なウミユリもいた。フンスリュックスレートの多くのウミユリには、萼(がく)が小さいという特徴がある。このことについては、海流に対する抵抗を減らす効果があったのではないか、という指摘がある。

　一般に、ウミユリの化石は壊れやすく、分断されて発見されることが多い。しかしフンスリュックスレートにおいては、全身が発見されることが多いのが特徴的だ。海底に固着していたものが多く、なかにはサンゴにくっ

▲▼1-11
海果類
レノキスティス
Rhenocystis

長いものでは、口先のトゲから尾の先まで10cmをこえる。上の標本では、尾が折り畳まれて本体の上にのっている。この姿勢は死ぬときに偶然なったもので、普段からこうしていたわけではなさそうだ。
(Photo：オフィス ジオパレオント)

ついたままの状態で発見された標本もある。なお、「ウミユリ類」そのものについては、次巻でページを割いて詳細に解説するので、ここでは割愛したい。

　フンスリュックスレートで確認される棘皮動物として、もう1種紹介しておきたい。**レノキスティス**(*Rhenocystis*)だ。1-11 棘皮動物のうち「海果類（カルポイド類）」という聞き慣れないグループに属する動物である。棘皮動物は、72度ごとに同じ構造を繰り返す「五回対称」とよばれる特徴をもつ。レノキスティスはこの特徴とともに、左右対称の体構造をもっていた。長方形の本体の一方の短辺には口があり、その両脇には1本ずつ短いトゲがのびている。また、もう一方の短辺からは、本体のおよそ2倍の長さになる尾がのびていた。

　2000年に、イギリスの海洋石油会社「LASMO」に所属するオーウェン・E・ストクリフたちは、フンスリュックスレートで発見されたレノキスティスの移動痕の化石を報告した。それは、レノキスティスが死の直前に残した痕跡とみられている。ストクリフたちは、この移動痕を詳細に解析し、レノキスティスが尾を海底に突き刺すように使いながら移動していたと結論づけている。

▲▶ 1-12
異甲類
ドレパナスピス
Drepanaspis
真上から見ると、テニスラケットのような形をしている。甲冑魚の一つで、頭部の"装甲"の間には、小さな骨片が密集している。上の標本は、群馬県立自然史博物館所蔵。標本長35cm。
(Photo:安友康博/オフィス ジオパレオント)

甲冑魚たち

フンスリュックスレートで発見される魚類化石は、多様性が高い。無顎類（顎のない魚たち）のほか、顎のある魚類としては、板皮類、棘魚類、条鰭類の化石がそれぞれ発見されている。小難しい分類群名を並べたが、いずれも前巻までに登場した魚類である。本巻でものちほど詳細にまとめていくので、ここでは「ああ、いろんな魚たちがいたのだな」程度の認識で読み進めていただければ、問題はない。

デボン紀の魚類化石のほとんどは、無顎類と板皮類のものだ。無顎類にもいくつかのグループがあり、フンスリュックスレートにおいては異甲類**ドレパナスピス**（*Drepanaspis*）が代表する。1-12 異甲類は、「甲」の字が示唆するように、甲羅のような骨格をもった魚たちで、

板皮類などとともに「甲冑魚（かっちゅうぎょ）」と俗によばれている。

　ドレパナスピスは、上から見るとテニスのラケットのようなシルエットをもつ。頭胴付近が大きく横に膨らんでおり、そこから尾が後方へスッとのびている。背の中心と両側方には、骨の板からなる"装甲"をもっており、その間を無数の小さな骨片が埋めている。一方で、尾は鱗で覆われている。その化石はこれまでに100個体以上発見されており、体長は9.5〜68.5cmと幅広い。もっとも、大半は35〜45cmに納まるサイズであるという。

　ドレパナスピスは、横に広い形状から、海底を這うようにして生活していたのではないか、と指摘されている。ひれは尾びれしかもたないので、上下左右に活発に動き回るような運動能力はなかった。前述の『The fossils of the Hunsrück Slate』のなかでクリストフたちは、ドレパナスピスは海底に落ちている有機物を、薄い口で拾い上げるようにして食べて暮らしていたのではないか、と推定している。

ドレパナスピスの復元図
海底を這うようにして生活していたとみられている。遊泳能力はさほど高くなかったようだ。顎はなく、海底に落ちているものを拾い上げて、丸呑みしていたらしい。

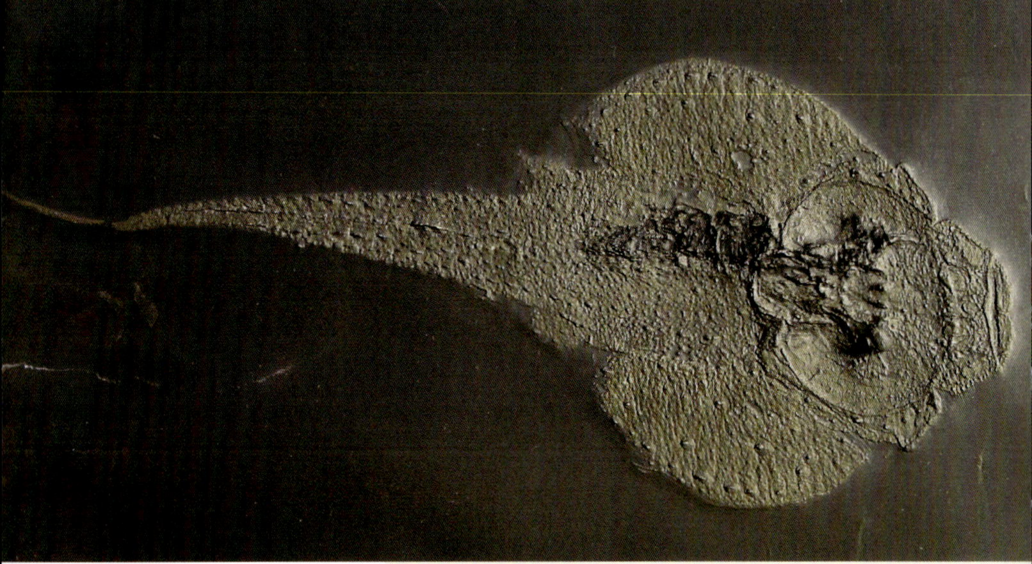

▲1-13
板皮類
ゲムエンディナ
Gemuendina

最大で1mになる甲冑魚。もっとも「甲冑魚」とはいっても、ほかのよく知られる種（たとえば本書表紙カバーのダンクレオステウス）とはちがって、板状の"鎧"をもつわけではない。上の標本では、頭部を覆う小さな骨片のほか、独特の"表情"も確認できる。

(Photo：Peter Hohenstein & Klaus Bartl)

　フンスリュックスレートを代表するもう一つの甲冑魚が、板皮類の**ゲムエンディナ**（*Gemuendina*）だ。1-13 板皮類は、デボン紀の後半に向かって一気に多様性を広げていく、いわばこの時代の「主役」である。顎はもつが歯はもたず、かわりに頭部を覆う外骨格の一部が鋭利な構造となり、歯として使用していたとみられている。

　ゲムエンディナは最大で1mにもなる巨体だが、ほとんどの標本は15〜40cmほどである。胸びれがとにかく広く大きいため、その姿は現生のエイによく似ている。頭部のほとんどを覆っているのは、小さな骨片群だ。眼は上方を向き、口は下方に向いているため、ゲムエンディナもまた、ドレパナスピスと同じく海底付近を這うように泳ぐ生活をしていたとみられている。

そのほかいろいろ、フンスリュックの動物たち

　フンスリュックスレートからは、ほかにもさまざまな化石が発見されている。そのなかの代表的なものをここで紹介しておこう。

　一つは、カブトガニの仲間である**ウェインベルギナ・オピツィ**（*Weinbergina opitzi*）だ。1-14 じつは本シリーズの前巻『オルドビス紀・シルル紀の生物』の第2部で、

いささかフライング気味に紹介した種である。半円形の前体をもち、現生のカブトガニとは異なり、後体に節構造がある。原始的なカブトガニのグループ「ハラフシカブトガニ類」を代表する種だ。

　カブトガニは、節足動物のなかの「鋏角類(きょうかくるい)」とよばれるグループに属する。同じグループのものとして、ウミサソリ類のレヘノプテルス・ディエンスティ（*Rhenopterus diensti*）も報告されている。もっとも、レヘノプテルスは、フンスリュックスレートから発見される動物のなかでは最も希少な動物の一つで、部分化石しか発見されていないため、全身像は不明だ。多くのウミサソリ類は、現生のサソリに似た身体にパドル状の付属肢をもつことを特徴とするが、レヘノプテルスにはそのパドルがない。そのため、海底面を歩きながら小さな無脊椎動物を食していたとみられている。

▲1-14
カブトガニ類
ウェインベルギナ
Weinbergina
現生カブトガニとはちがって、後体に節構造がはっきりと確認できる。典型的な「ハラフシカブトガニ類」として有名な種。はっきりとした眼は確認されていない。体長10cmほど。
（Photo：Hans Arne Nakrem, Natural History Museum,University of Oslo, Norway）

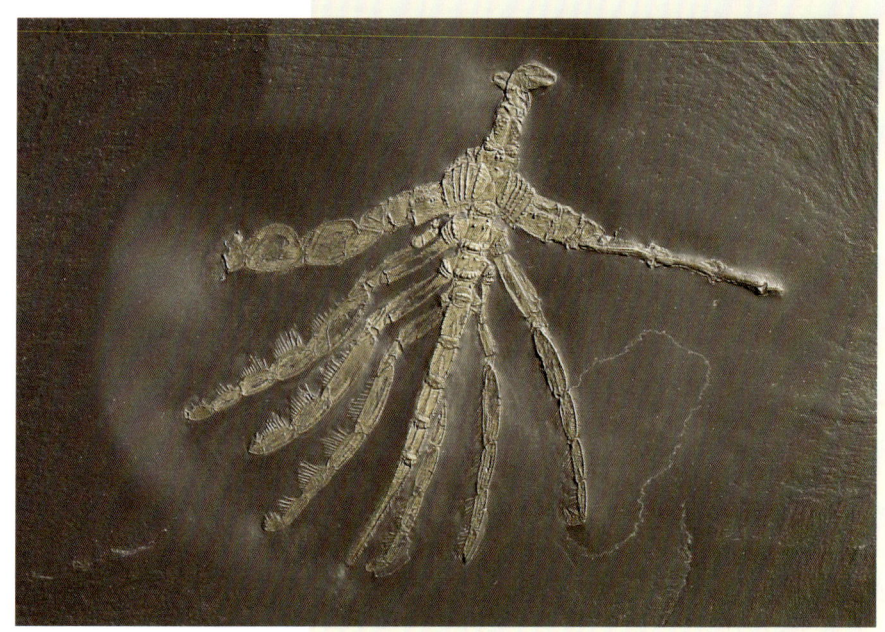

▲1-15
ウミグモ類
パレオイソプス
Palaeoisopus
「クモ類」と同じように4対8本の脚をもつ。ただし、「クモ類」とはちがって、腹部が退化してほとんど膨らんでいない。泳ぎが達者な狩人だったとみられている。大きなものでは、脚を広げると40cmにもなる。

(Photo：Peter Hohenstein & Klaus Bartl)

　鋏角類として忘れてはいけないのは、**パレオイソプス・プロブレマティクス**(*Palaeoisopus problematicus*)だ。1-15

　これは、ウミグモである。ウミグモは、カンブリア紀から現生に至るまでのさまざまな時代の地層から化石が見つかる動物で、現生種は1000種以上になる。「ウミ」グモの名が示すようにすべて海生種で、4対8本の脚をもつ。私たちがよく知るクモとの大きなちがいは、腹部がかなり退化しているということだ。その風貌はもはや紐にしか見えない。

　パレオイソプスは、ウミグモ類のなかではかなりの大型種である。脚を広げたときの長さは40cmにおよぶ。紐にしか見えないほかの多くのウミグモとは異なり、先頭の1対の脚が平らに広く発達している。この脚の形状から、泳ぎが達者で、フンスリュック世界における捕食者だったとみられている。

　鋏角類以外の節足動物としては、三葉虫類の**チョテコプス**(*Chotecops*)の化石が多産する。1-16 この三葉虫は「ファコプス類」とよばれるグループに属し、複眼をつくる個々のレンズが大きいことが特徴的だ。

◀1-16
三葉虫類
チョテコプス
Chotecops

フンスリュックスレートで最も数多く見られる三葉虫。個々の眼が大きい「ファコプス類」に属する（詳しくは本書第4章にて）。この標本は、黄鉄鉱の輝きが強く金色に光って見える。標本長5cm。
(Photo：オフィス ジオパレオント)

◀1-17
甲殻類
ナヘカリス
Nahecaris

体長が15cmをこえるエビの仲間。この標本は頭部の殻を中心に体の大部分が残っている。ナヘカリスはチョテコプスと並んで、フンスリュックスレートでは比較的数多く産出する化石である。
(Photo：EXTINCTIONS.com)

ほかには、甲殻類の**ナヘカリス**(*Nahecaris*)も数多く産出することで知られている。[1-17] ナヘカリスは、体長が15cmをこえるエビの仲間で、頭部を2枚の殻で保護していた。尾の先端が、1対の鋭いトゲになっていることも特徴である。

フンスリュックスレートからは、ほかにも腹足類、二枚貝類、頭足類などの軟体動物や、コケムシ類などの化石が産出する。

デボン紀という時代

イギリス、イングランド地方南西部に、ケルト海に突き出たコーンウォール半島がある。その半島のなかほどに「デボン州」なる地域が存在する。「デボン紀」という地質時代の名は、この州名に由来する。

デボン紀が始まったとき、赤道付近には現在のヨーロッパと北アメリカからなるローレンシア大陸が存在し、その北方にはシベリア大陸が位置していた。そして、南半球には依然として超大陸ゴンドワナがあった。当初、地球の気候は温暖で、海水準が高く、海岸線は各大陸の内部にまで進入していた。その結果、海岸線は複雑になり、そして数多くの島が生まれていた。

デボン紀の大陸配置図

本書に登場するおもな地域(国名)を地図上で示した。このことからわかるように、デボン紀の生命譚は、主として赤道に位置していたローレンシア大陸で紡がれることになる。なお、この地図では上が北。

ローレンシア大陸は赤道直下にあり、その内部は乾燥していた。そんな気候のもとに「旧赤色砂岩（Old Red Sandstone）」とよばれる地層が堆積した。そのため、ローレンシア大陸のことを「旧赤色砂岩大陸」ともいう。ちなみに「旧」があるからには「新」も存在する。こちらはペルム紀の話となるので、次巻で触れることになるだろう。

　2009年に、ドイツ、エアランゲン・ニュルンベルク大学のM・M・ヨアヒムスキーたちは、ヨーロッパ、北アメリカ、オーストラリアから産出した多数の微化石を化学的に分析し、デボン紀当時の海水温と、その当時の生物礁の関連について報告している。彼らが分析対象とした地域は、デボン紀の緯度でいえば、いずれも赤道から南緯30度までの間に当たる。熱帯〜亜熱帯地域である。

　ヨアヒムスキーたちの研究によれば、デボン紀が始まった当初の気候は、シルル紀から続く温暖期だった。海水温は30℃をこえたと算出されている。その後、デボン紀中期に向けて海水温は低下し、最低で20℃近くにまで下がる。この海水温の差は、現在の海でいえば、沖縄と北海道くらいの差に相当する。そして約3億8500万年前、デボン紀中期を下限のピークとして、再び海水温は上昇を始めたという。

　多くの海洋動物にとって生活の場である礁は、当初、微生物がつくった比較的単調なものが多かった。しかし、海水温が低下するにつれて、サンゴと層孔虫からなる複雑な骨格礁が発展し、デボン紀中期の寒冷な時代にはその繁栄のピークを迎えることになる。そしてそののち、海水温の上昇にあわせて、再び微生物礁の勢力が強くなる。

　暖・寒・暖と、変化をとげたデボン紀の世界。そこが脊椎動物による革命の舞台だったのだ。

デボン紀

2 陸の"最初の窓"が開く

▍スコットランド、ライニー

　イギリス北部、スコットランド第三の都市であるアバディーンから、西北西に約45km。古代民族ピクト人の石碑があることで知られるライニーの村の片隅に、デボン紀の陸上世界を知るための"窓"が開いている。
　「ライニーチャート」だ。
　「チャート」とは、珪質の岩石である。ライニーチャートは、温泉の珪質成分が堆積してできたと考えられている。デボン紀前期のものであり、フンスリュックスレートとほぼ同じ時代につくられた。
　ライニーチャートの最大の特徴は、それが当時の河川や湖沼に堆積したものであるという点だ。すなわち、陸上の水域の記録なのである。生命の誕生からここまで、優れた化石記録はいずれも海中のものだった。デボン紀前期になってはじめて、陸上の豊富な化石記録が残るようになったのだ。
　アバディーン大学のナイジェル・H・トレウィンが2004年にまとめたところによれば、ライニーチャートの研究史はいくつかの段階を経てきたという。
　最初の研究は、医師ウィリアム・マッキーによるもので、1910年から1913年にかけて行われた。なお、同時期にカナダでは、チャールズ・ドゥーリットル・ウォルコットによるバージェス頁岩（けつがん）動物群の発掘が本格的に進められていた（バージェス頁岩はカンブリア紀の代表的な地層で、その発見史については、シリーズ第1巻『エディアカラ紀・カンブリア紀の生物』を参考にされたい）。
　マッキーは医師であると同時に優秀な地質学者だった。ライニーチャートを発見し、その中に植物の破片が入っていることを報告したのである。
　マッキーの報告ののち、1917年から1921年にかけて、

ロバート・キッドストーンと、W・H・ラングという二人の研究者が、植物化石を記載した。この研究と平行するかのように、1920年代には節足動物の化石も報告されるようになる。

その後、30年間ほど、この地の研究は停滞していた。とくに新たな報告もないまま時が過ぎていったが、1950年代の後半になって、ウェールズにあるカーディフ大学のジオフレイ・リオンによって再び研究が開始された。そして、1963年から1971年にかけて多くの植物化石が報告されるようになる。このとき、多数のトレンチ（採掘溝）がライニーの村はずれに掘られた（現在ではこれらは跡形もなく埋められているという）。

1980年になると、ドイツのミュンスター大学による研究が進められるようになった。ミュンスター大学の研究チームは、維管束植物、藻類、菌類、地衣類などを新たに発見し、報告している。

地元であるアバディーン大学は、1987年から本格的な研究を開始した。1990年代には、ライニーチャートから700m離れた場所に新たにウィンディフィールドチャートが発見され、新たな生物相が報告されている。このとき、デボン紀の間欠泉の噴出口の一部が見つかり、以来、この地の当時の環境が議論されるようになった。

「真の陸上植物」の進出

植物が"本格的な陸上緑化"を始めたのはシルル紀中期のことだ。それから数千万年が経過したデボン紀前期のライニーチャートの時代、植物は新たな世界の構築に向けて着実に進化していた。

ライニーチャートの植物化石には、体内に「維管束」が確認できるものがある。維管束の獲得は、植物の進化史における革命の一つである。維管束は簡単にいえば、体内を貫く"栄養と水の通路"であり、空気中で植物の体を支えるのにも役立っている。植物が乾燥した内陸深くへ進出するには、欠かせない構造だ。

▶2-1
リニア植物
リニア
Rhynia
最初期の陸上植物。維管束をもち、成長すると20cmほどの高さになった。葉はもっていない。

　ほかにもライニーチャートの植物には、表皮に脂肪状や蝋状の物質のクチクラ層をつくって耐乾燥性能を高め、ガス交換のための気孔をもつようになるなどの、さまざまな"陸上性能"の向上が確認できる。

　リニア・グウィンネヴァウガニィイ（*Rhynia gwynne-vaughanii*）は、この時代の「真の陸上植物」の代表種といえる。2-1 ライニーチャートで発見される植物のなかで、数多く見つかる種の一つでもある。この植物は、地を這うような茎と、そこから垂直にのびた葉のない茎をもっている。茎は途中で二股に分かれて、その先でも二股に分かれる。茎の直径は3mmほどだ。茎の先端には、葉巻型の胞子嚢がある。最大の高さは20cmで、これはライニーチャートの植物として平均的な大きさだ。

▼▲2-2
ヒカゲノカズラ類
アステロキシロン
Asteroxylon

高さ40cm、茎の直径1.2cmと、ライニーチャートの植物のなかでは巨大である。鱗状の"葉"をもつ。乾燥に対して、一定の耐性があったとみられている。写真は化石を拡大したもので、トゲのように見える部分（e）が葉である。黒いスケールバーが2mmに相当する。

(Photo：University of Aberdeen from 'The Rhynie Chert' website www.abdn.ac.uk/rhynie'.
Trewin, N.H., Fayers, S.R. and Anderson, L.I. 2002)

　同じように維管束をもった植物としては、**アステロキシロン・マッキエイ**（*Asteroxylon mackiei*）があった。2-2 茎の直径は1.2cm、高さは40cmと、ライニーチャートの植物としては群を抜いて大きい。この植物には、表面にも進化が見られる。地上に顔を出した茎の表面を覆うように、鱗状の突起があるのだ。そして、この突起のそれぞれの根本にまで維管束がのびる。こうした点から、鱗状の突起は、「葉」であるとみられている。すなわち、アステロキシロンには、根、茎、葉の区別があったのだ。

　リニアは謎の多い絶滅植物群である。一方、アステ

ロキシロンは、現生のヒカゲノカズラの仲間とみられており、とくに乾燥に強かったようだ。

また、しっかりとした維管束をもつ植物がいる一方で、維管束が未発達な植物（前維管束植物とよばれる）なども確認できる。まさに、陸上植物の繁栄前夜の様相を示していることがライニーチャートの特徴なのである。

酸素濃度の乱高下

ここで当時の大気組成に注目したい。いわゆる「学校の教科書」的な知識でいえば、植物は二酸化炭素を吸収して生長し、酸素をはき出す。一方で、動物は酸素を吸収して二酸化炭素をはき出す。植物が本格的に陸上進出を始めたこのころ、シンプルに考えれば、大気中の酸素濃度は上昇するはずだが、さて、実際にはどうだったのか？

ここで登場するのが、「**バーナーの曲線**」とよばれるグラフだ。[2-3] これは、アメリカ、イェール大学のロバート・A・バーナーがさまざまな要素からはじき出した、過去約6億年にわたる大気中の酸素と二酸化炭素の濃度のデータである。ここでは2006年に発表されたバーナーの曲線を参考にしながら、当時の大気の状況に触れてみたい。

バーナーの曲線によれば、オルドビス紀以降、大気中の酸素濃度は増加の一途をたどってきた。ちょうどライニーチャートが堆積したデボン紀初期のあたりになると、酸素濃度は25％に達していた。現在の地球における大気の酸素濃度は21％ほどなので、当時の酸素は、現在の大気よりも濃かった。この傾向は、植物の進化、繁栄と符合する。

しかし、である。バーナーの曲線によれば、その直後に酸素濃度は急落し、デボン紀後期には、初期のおよそ半分にまで低下した。かわりに二酸化炭素濃度はデボン紀初期から後期にかけて急上昇し、約15倍の濃度（約6％）にまで高くなったのである。

大気組成の著しい変化は何に起因するのか。ことは

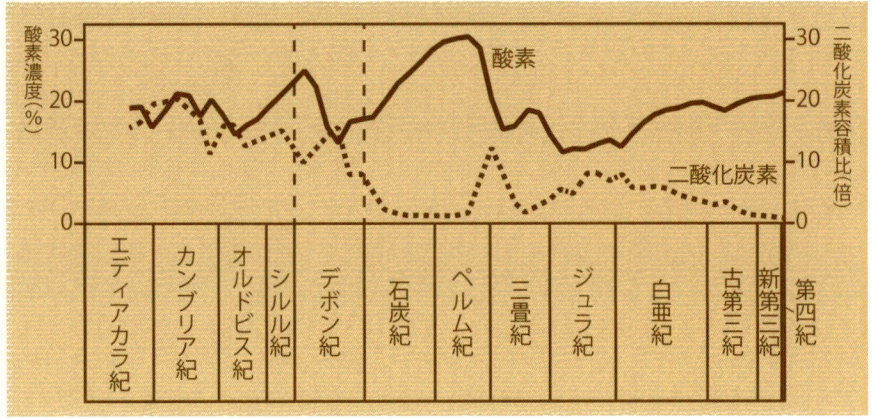

▲2-3
バーナーの曲線

過去6億年にわたる大気の酸素と二酸化炭素の濃度をまとめたグラフ。ただし、二酸化炭素については、現在の大気中の二酸化炭素濃度（約0.04％）を1としたときの容積比。本書テーマであるデボン紀に「酸素濃度の急落」があることがわかる。Berner (2006)をもとに制作。

植物の勢力拡大だけで説明できるものではない。おそらく複雑な要因が絡み合っていたのだろう。

最古のダニと最古のトビムシ

ライニーチャートの生物相に話を戻そう。

ライニーチャートから産出する動物化石のなかで、まず紹介したいのはダニとトビムシである。

ダニは、ウミサソリ類を祖として生まれたクモ類（綱）に属する小型の節足動物である。現在の世界においては、クモ類に属する動物グループ（目）のなかでも最大種数を誇り、既知のものだけでも5万種をこえる。実際には、その10倍以上の種が存在するのではないかともいわれている。

そんなダニたちの「最古の種」として、**プロタカルス・クラニ**（*Protacarus crani*） 2-4 をはじめとする複数の種がライニーチャートから報告されている。いずれもきわめて小型だ。たとえばプロタカルスの大きさは0.29〜0.45mmしかない（ただし、現生のダニ類も多くは体長0.1〜0.8mm程度である）。

現生のダニ類は、捕食性、腐食性、食菌性、動物寄生性、植物寄生性など、まさに"なんでもありの強さ"をもっている。しかし、ライニーチャートの時代には、

▲2-4
**ダニ類
プロタカルス**
Protacarus

体長0.45mm以下。最古のダニ類。少なくとも、その見た目は現生種とあまり変わらない。現生種は寄生することがよく知られているが、デボン紀当時は寄生の相手となるようなものは、なかなかいなかった。

トビムシ類
現生トビムシ類の一種。腹部から脚の間にのびている細い構造が「跳躍器」である。この跳躍器を瞬間的にのばし、地面を叩く。
(Photo：筑波大学野生動物研究会 武藤将道)

ダニ類が寄生するような大型の陸上動物はいなかった。そこで、植物の液を吸い出して"食べて"いたか、あるいは、土壌中の有機物を食べて生活していたとみられている。ちなみに、ダニ類同様に、今日の私たちを悩ませるノミ類に関しては、その出現はずっとのちの話である。

ダニよりもある意味で重要視されているのは、トビムシ類リニエラ・プラエカーソア(*Rhyniella praecursor*)の化石だ。リニエラは全体像はどうもはっきりしないものの、その標本には、トビムシ類特有の構造が確認されているのである。

トビムシ類といえば、現在でも確認できる節足動物で、体長は多くの場合1～3mmほどである。最大の特徴が「跳躍器」だ。腹部の先にある脚のような構造で、ふだんは腹側に折り畳まれている。これを瞬間的にのばすことで地面を叩き、その反動で跳躍する。その飛距離は、ときに20cmに達するという。ライニーチャートで発見されているリニエラの化石標本に確認されるのは、まさにこの跳躍器なのである。

リニエラがはたして現生トビムシ類のように跳躍していたかどうかは不明だが、重要なのは「トビムシ類」と特定されたことだ。トビムシ類は、六脚類、すなわち「広義の昆虫類」の一角を占め、とくに「翅のない昆虫」としては、現在では最大のグループになる。

2004年には、アメリカ、カンザス州立大学のマイケル・S・エンゲルと、デイビッド・A・ギリマルディによって、それまで今ひとつ所属が不明確だった**リニオグナサ・ヒルスティ**(*Rhyniognatha hirsti*)[2-5]の頭部化石が、「外顎類」という六脚類の1グループのものであると特定された。外顎類こそは、私たちがよくいう昆虫類、つまり「狭義の昆虫類」である。ちなみに、トビムシ類などの「広義の昆虫類」は、「内顎類」という。

デボン紀「初期」の地層であるライニーチャートで内顎類と外顎類が確認できたことは、大きな意味をもっている。分化した近縁のグループがすでに存在するということは、彼らの共通祖先が、そのもっと前に出現し、

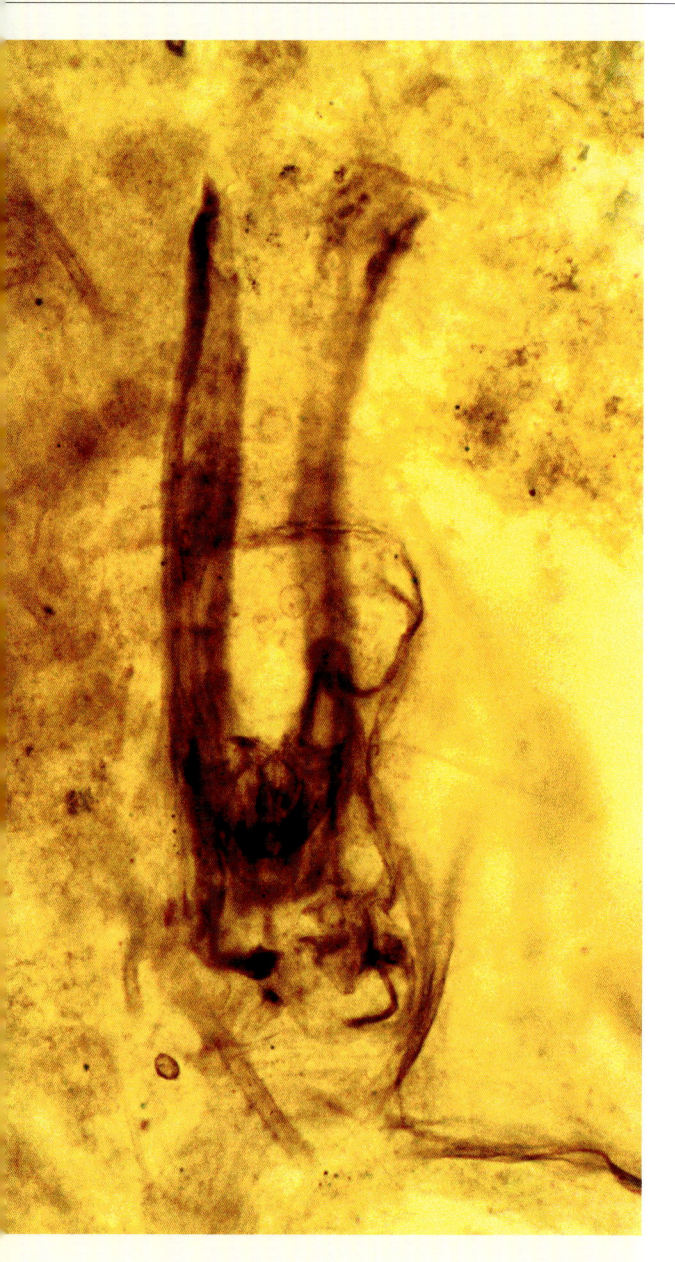

◀ 2-5
昆虫類
リニオグナサ
Rhyniognatha
最古の昆虫類。写真はその化石である。全身像は不明ながらも、ひときわ色の濃い部分が顎ではないか、とみられている。画像の上下が約7mm。
(Photo：The Trustees of the Natural History Museum, London)

陸上に進出していた可能性が出てくるからだ。エンゲルたちは、"最初の昆虫"はシルル紀に出現・上陸していたとみている。

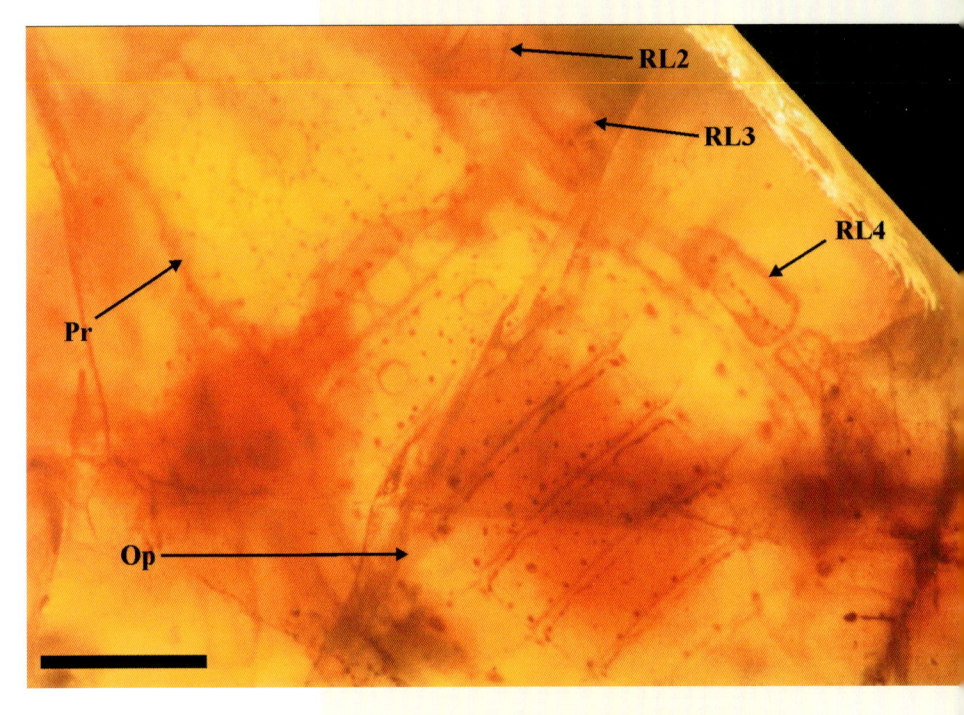

▲▶ 2-6
ワレイタムシ類
パレオカリヌス
Palaeocharinus

クモ類の近縁に当たるグループの一つ。糸をつくるための器官の有無などで、クモ類とは線引きされる（詳しくは本文参照）。写真は、背側から見たパレオカリヌスの標本。ほぼ完全体に近い標本で、後体の節構造のほか、付属肢も確認できる（Pr：前体部、Op：後体部、RL：付属肢）。黒いスケールバーが、1mmに相当する。

(Photo: University of Aberdeen from 'The Rhynie Chert' website www.abdn.ac.uk/rhynie'.
Trewin, N.H., Fayers, S.R. and Anderson, L.I. 2002)

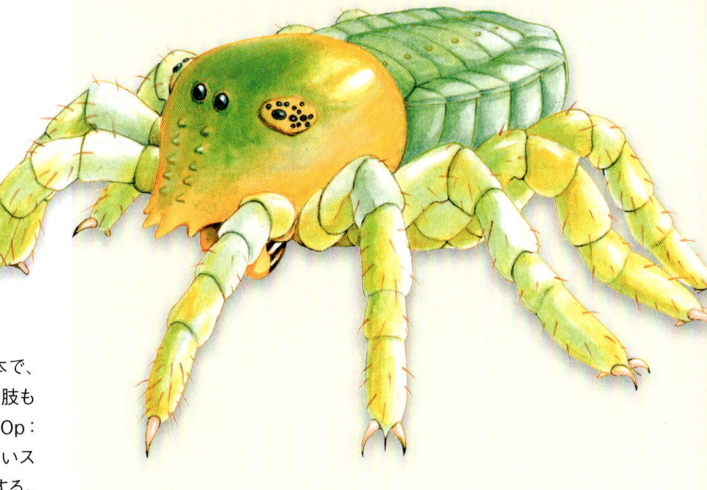

そのほか、さまざまな動物たち

ライニーチャートから発見されている動物は、ダニやトビムシだけではない。本章の最後に、そのほかの代表的な動物たちを紹介しておこう。

デボン紀

一つは、ダニと同じ鋏角類に属する絶滅グループで「ワレイタムシ類」の化石だ。クモ類の近縁にあたり、見かけ上もクモと同じで、1対の触肢のほかに4対の脚をもつ。

　アバディーン大学のwebサイトに設けられたライニーチャートのデータベースでは、次の三つの点がクモ類とワレイタムシ類のちがいであるとまとめている。

① クモ類には糸を出すための器官が存在するが、ワレイタムシ類にはない。
② クモ類はハラフシグモを例外として、ほとんどの種で後体（腹部）には節はない。しかし、ワレイタムシ類にはそれがある。
③ クモ類は同じ構造の単眼を8個有するが、ワレイタムシ類では中眼（背中に付いている）と側眼（体の側方に付いている）で構造が異なる。

　ライニーチャートから発見されているワレイタムシ類は、**パレオカリヌス・リニエンシス**（*Palaeocharinus rhyniensis*）2-6 がよく知られており、その化石には書肺が確認されている。書肺は空気呼吸用の器官だ。これがあることによって、ワレイタムシ類が陸生種だとわかる。

　そのほかにも、ホウネンエビに近い甲殻類**レピドカリス・リニエンシス**（*Lepidocaris rhyniensis*）2-7 や、複数の多足類などの化石が報告されている。いずれも小さな動物たちだが、当時のライニーが豊かな生態系を育んでいたことがわかる。

▼2-7
甲殻類
レピドカリス
Lepidocaris
現在のホウネンエビに近い種。体長約4mm。ライニーチャートで最もよく見つかる節足動物の一つである。

デボン紀

3 | 大魚類時代の確立

これまでの魚類史を振り返ってみる

　最古の魚類化石は、今から約5億2000万年前のカンブリア紀のものである。3-1　眼や口、鰓（えら）、背びれなどをもった、体長2〜3cmほどの魚だった。この魚には、現在の水中で大きな勢力をもつ魚類（条鰭類（じょうきるい））などとちがって、顎がなかった。このことから「無顎類」とよばれる。

　「約5億2000万年前」という数字は、いわゆる「カンブリア爆発」の起きた年代をさしている。すなわち、多くの動物群が生まれた（正確には肉眼で見える化石として残るようになった）ときに、最初の魚類も生まれていたのである。

　オルドビス紀中期、約4億7000万年前ごろになると、魚類は鱗をもつようになる。大きさはカンブリア紀の約10倍、体長20cm近くになった。顎はもっていないもの

◀3-1
最古の魚類
ミロクンミンギア
Myllokunmingia
カンブリア紀の中国にいた親指サイズの魚類。

▶3-2
最初に鱗をもった魚
アランダスピス
Arandaspis
オルドビス紀中期の異甲類。体長15〜20cm。

▶3-3
"鎖帷子"をもつ魚
フレボレピス
Phlebolepis
シルル紀の歯鱗類。体表はサメ肌状。体長10cm以下。

の、体の前半部を骨の板で覆っていることから、無顎類のなかでもとくに「翼甲類（よくこう）」とよばれる。翼甲類のなかには、背面と腹面の甲羅が別の骨でできているものがいた。「異甲類（いこう）」という。3-2

シルル紀に入ると、魚類の多様性は少しずつ高まってきた。無顎類にさまざまなグループが現れたのだ。異甲類に加え、異甲類と同じ翼甲類に属するものの甲羅をもたず、全身を鎖帷子（くさりかたびら）のような細かな突起で覆った「歯鱗類（しりん）」3-3 や、翼甲類とは異なるグループで、頭部を1枚の骨の板で覆った「頭甲類（とうこう）」3-4、甲羅をもたない「欠甲類（けっこう）」3-5 などである。

一方で、シルル紀になると魚類にはある"革命"が起きていた。ついに顎が誕生したのである。

"有顎魚類"としてまず登場したのは「棘魚類（きょくぎょ）」である。3-6 棘魚類は、ひれの前縁に頑丈なトゲをもつ魚だ。そのトゲはひれの皮膚膜を支えるとともに、防御にも役立っていたとみられている。

そして「条鰭類」も登場した。文字どおり、ひれに条構造をもつ魚類である。このグループは現在の海では主流だが、この時点では圧倒的な少数派だった。

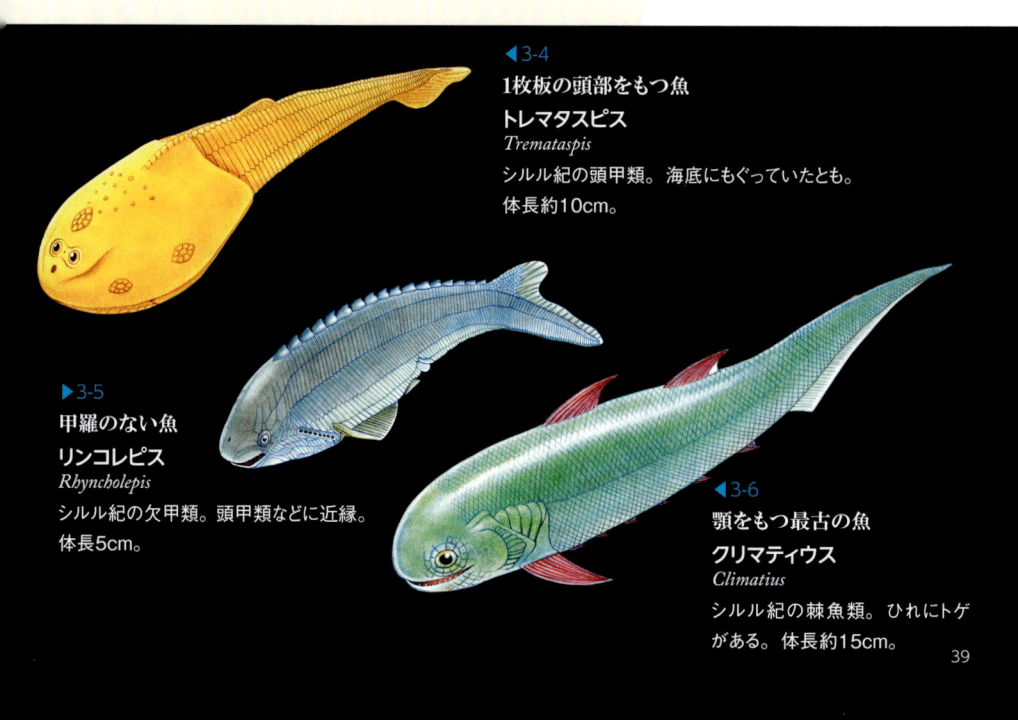

◀3-4
1枚板の頭部をもつ魚
トレマタスピス
Tremataspis
シルル紀の頭甲類。海底にもぐっていたとも。体長約10cm。

▶3-5
甲羅のない魚
リンコレピス
Rhyncholepis
シルル紀の欠甲類。頭甲類などに近縁。体長5cm。

◀3-6
顎をもつ最古の魚
クリマティウス
Climatius
シルル紀の棘魚類。ひれにトゲがある。体長約15cm。

▲▶ 3-7

頭甲類
ケファラスピス
Cephalaspis

デボン紀前期の海で繁栄した頭甲類の一つで、代表格。上は、イギリス・ウェールズで産出したケファラスピスの標本。幅5cm。中央の1組の孔は眼窩(か)。縁にあるへこみは神経系があったとみられる場所である。

(Photo：オフィス ジオパレオント)

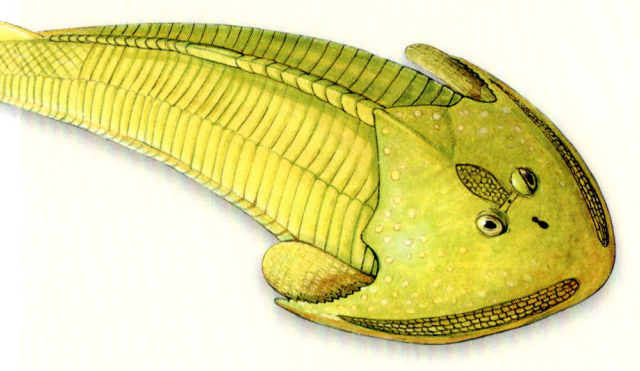

絶頂期に到達した無顎類

イギリスや中国、ノルウェー、ロシア、北アメリカのデボン紀前期の地層からは、さまざまな魚類化石が産出する。その主力は無顎類であり、とりわけ、頭部を"鎧"でかためた「頭甲類」が多い。

デボン紀当時、頭甲類のなかではとくに**ケファラスピス**(*Cephalaspis*)³⁻⁷ の仲間たちが多様化に成功してい

40 | デボン紀

た。彼らは体長30cmに満たない魚たちで、頭部を頑丈な骨の板で覆い、胴部は多数の板で覆っていた。

ケファラスピスの仲間は基本的に頭部が面白い。

まず、代表種であるケファラスピスは、まるでスリッパのような顔つきで、高い位置に眼が1対あり、ほぼ真上を見上げていた。

この眼の位置とスリッパ然とした顔つきから、本種は海底付近を泳いでいたとみられている。もし水中を泳ぎ回る生活をしていたのであれば、明らかに体の底方向が大きな死角となるからだ。両眼の中央付近には一つだけ鼻の孔があり（現生の魚類は四つ）、その後ろには、光感覚器官とみられる孔もある。特徴的なのは、頭部とその外縁に発達した「へこみ」だ。ここには小さな板が多数配置されており、その内部には神経が発達していたとされる。その役割は不明ながらも、なんらかの感覚器官だった可能性が指摘されている。

シルル紀に登場した頭甲類トレマタスピスに比べれば、ケファラスピスには、ひれと、ひれによく似た構造が発達している。このことは、トレマタスピスよりも遊泳性能が向上していたことを物語る。

ケファラスピスを"基本形"と考えると、デボン紀前期のケファラスピスの仲間には、じつにさまざまな"応用型"が出現していた。少なくとも214種、属数でも60をこえるという大繁栄ぶりである。[3-8]

ケファラスピスを含む頭甲類の多数の化石のなかには、脳構造が確認できる標本がいくつかある。

もっとも、脳そのものが化石に残るということは、なかなか例がない。しかし、脳を納めていた脳函の形が頭骨内部に残っている場合がある。それを分析することで脳の形を知り、その形から脳の構造を推理することは可能なのだ。

現在であれば、脳構造のこうした研究には、医療現場でおなじみのCTスキャン（Computed Tomography Scan）を用いるのが一般的である。化石を破壊することなく、効率的に作業が進むからだ。しかしCTスキャンなどなかった1920〜1930年代に、スウェーデンのエ

▲3-8

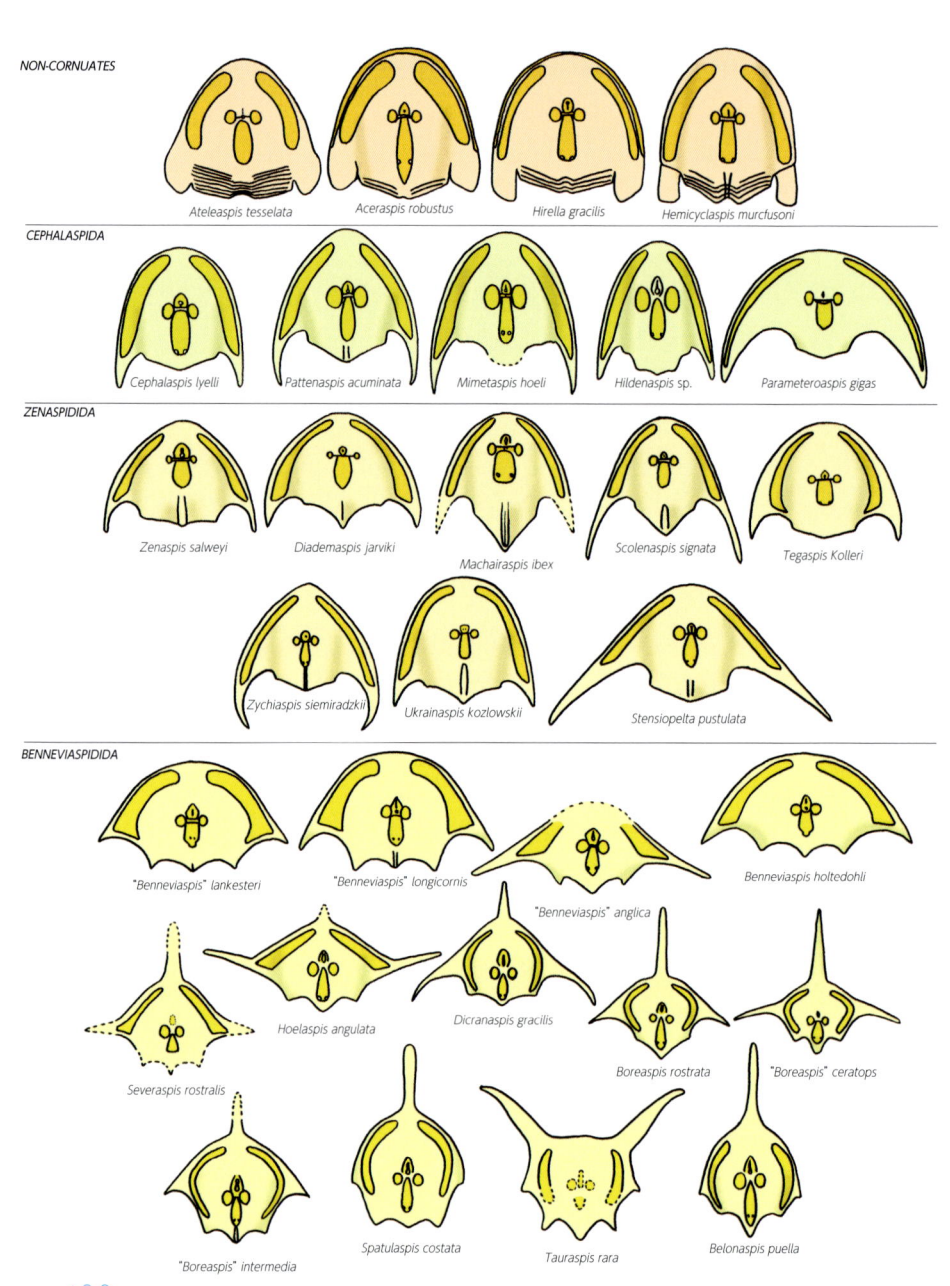

ケファラスピスの仲間たち

ケファラスピスの仲間たちの頭部を並べてみた。似て否なる種のなんと多いことか……。Sansom (2009)をもとに制作。

リック・ステンシオによって、ある種の頭甲類の頭部の内部構造が大胆な方法で研究された。その手法とは、標本を薄く研磨して撮影し、そしてまた研磨する、ということをひたすら繰り返し、そうして集まった断面をつなぎ合わせて全体像をつかむというものである。

こうした研究によって明らかになった彼らの頭部構造は、(やはり)原始的なものだったようだ。たとえば、平衡感覚を司る「半規管」である。私たちヒトをはじめとして、進化的な脊椎動物にはこれが三つあり、ゆえに「三半規管」とよんでいる。しかし、頭甲類にはこれが二つしかなかった。このことは平衡感覚の精度に影響していたとみられる。

そして、無顎類の時代は終わる

デボン紀前期の海洋世界を謳歌していたのは、何も頭甲類だけではなかった。頭甲類よりも歴史の長い、異甲類(頭部の背側と腹側の甲羅が別の骨でできている)も、このときおおいに繁栄していた。**エリヴァスピス**(*Errivaspis*) 3-9 のように吻部が突出し、背にも板状のトゲを発達させた種や、**ドリアスピス**(*Doryaspis*) 3-10 のように、口の下からノコギリのような吻部を突出させ、また頭部の両脇に"骨の翼"を発達させた種などが出現した。

しかし、頭甲類や異甲類、そのほかの無顎類がいかに繁栄しようとも、彼らの時代が短いことは既定路線となっていた。先に触れた「魚類の"革命"」によって、シルル紀にすでに"有顎魚類"が出現し、その勢力を急速に拡大させていたのである。かたいものを噛み砕くことのできる魚類と、できない魚類。生存競争においてどちらが優位なのかは、考えるまでもない。

そしてデボン紀中期が始まるころ、約3億9000万年前になると無顎類たちは次第に姿を消していき、デボン紀末、約3億6000万年前には、ほとんどの無顎類は絶滅することになる。

ちなみに現在の海では、無顎類は「ヌタウナギ類」と「ヤツメウナギ類」だけが生息している。両者あわせて

▼3-9
異甲類
エリヴァスピス
Errivaspis
イギリス、イングランド地方などから化石が産出する。長くのびた吻部が特徴的である。顎はもっていない。

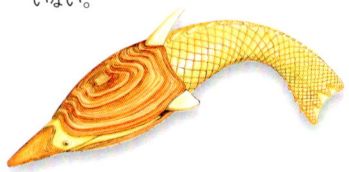

▼3-10
異甲類
ドリアスピス
Doryaspis
ノルウェーから化石が産出する。まるで戦闘機のような姿をしているが、まちがいなく魚類である。顎はもっていない。

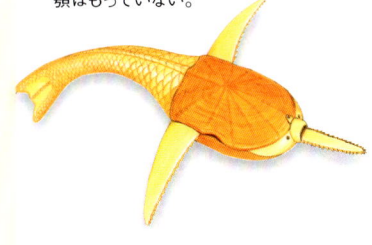

▲3-11
無顎類
ヤツメウナギ
顎をもたない魚類として現存する種。眼の後ろに並ぶ鰓が、まるで眼のように見えることから「八目（八つの眼）」の名がある。写真はシベリアヤツメ。
(Photo：matsuzawa yoji/Nature Production/amanaimages)

80種ほどで、日本でもヌタウナギ類5種、ヤツメウナギ類4種が確認されている。ヌタウナギ類は眼をもたず、半規管は一つだけで、ヤツメウナギ類は口が吸盤状になっている。3-11 いずれもデボン紀の無顎類から見れば、かなり特殊化した存在である。

板皮類、水圏の覇権を握る

無顎類と入れ替わるように台頭したのは、板皮類である。"有顎魚類"のグループの一つだ。

板皮類は頭部と胴部を骨でできた甲羅で覆い、頭甲と胴甲が蝶番のように関節している。顎はあれども歯はもたず、そのかわり顎の骨自体が鋭利で歯のようになっていた。無顎類の頭甲類や翼甲類などと一緒に「甲冑魚」とよばれる。

なお、板皮類は脊椎動物の歴史上はじめて腹びれをもった魚類でもある。それだけ体の安定性に優れていたのだ。

最初の板皮類は約4億3000万年前のシルル紀のなかばに登場していた。しかし、しばらくは"鳴かず飛ばず"といった具合で、デボン紀に入ってから急速に勢力を拡大した。ちなみに、第1章で紹介したフンスリュックスレートのゲムエンディナ（▶P.20）は、初期の板皮類に位置づけられている。もっとも、ゲムエンディナとその近縁種は、板皮類のなかでは特殊化した少数派である。

デボン紀中期の板皮類の化石は、スコットランドやオーストラリアをはじめ、世界中から発見されている。当時、彼らがいかに繁栄していたのかがわかる。その属数は確認されているだけで約240あるという。そして、最も繁栄した**ボスリオレピス**（*Bothriolepis*）属は、100以上の種を有するとされる。3-12

当時、板皮類の多様性は、ほかの有顎魚類を圧倒していた。分布域は、河川や湖などの淡水域をはじめ、汽水域、海水域におよんだ。板皮類は、デボン紀中期以降の海洋世界の、まさに主役だったのである。

◀ 3-12

板皮類

ボスリオレピス・カナデンシス
Bothriolepis canadensis

カナダで発見された化石。世界でもまれにみる完全体の標本である。それというのも、板皮類の化石は"骨の鎧"部分である頭甲と胴甲の部分しか残っていない場合がほとんどで、ボスリオレピスも例外ではない。しかしこの標本は、通常であれば残っていない後半身も確認できる。

(Photo：Miguasha national park, Quebec, Canada)

"鎧の腕"をもつ「ボスリオレピス」

板皮類のなかにもいくつかのグループがある。そのなかで「最も成功した板皮類」といわれるボスリオレピスは、「胴甲類」の代表としても知られている。

胴甲類は、頭甲と胴甲をもつ典型的な板皮類で、頭甲の頂上付近に二つの眼がある。左右の眼はさほど位置が離れておらず、まるで寄り眼をしているような配置になっている。その狭い眼の間に、光を感知するための孔があいている。胴甲には底面に口があるが小さく、顎も弱々しい。

なんといっても胴甲類を特徴づけるのは、胴甲の胸部の両端から出た1対2本の付属肢である。この付属肢もまた骨の装甲で覆われており、先端は鋭く尖っている。付属肢には関節もあり、いくらか曲げることができたようだ。

胴甲類はデボン紀を通して化石が確認されているグループだ。しかし、そのなかで時間を追っての変化、つまり、進化的な変化は確認できない。そのため、胴甲類の体はかなり早い段階で完成していたとみなされている。

代表格のボスリオレピスは、南極大陸を含むすべての大陸から化石が産出する。この魚類グループが当時

▶3-13

ボスリオレピス・カナデンシス
Bothriolepis canadensis
板皮類の中の、「胴甲類」とよばれるものの代表種。とにかく発見されている化石の個体数が多い。腕のようにのびる2本の付属肢が特徴。この付属肢は曲げることができた。

いかに繁栄していたのかがよくわかる。

　100種以上といわれるボスリオレピス属の全容をまとめるのは至難の業で、ここではトサカの有無についてだけ言及したい。

　ボスリオレピス属には、「胴甲にトサカをもつ種」と「トサカをもたない種」がいる。トサカをもたない種は**ボスリオレピス・カナデンシス**(*Bothriolepis canadensis*) 3-13 が代表格で、トサカのある種には**ボスリオレピス・ザドニカ**(*Bothriolepis zadonica*) 3-14 などがいる。ロシア、ロモノソフ・モスクワ国立大学のセルゲイ・モロシニコフによれば、トサカがある種の化石は、ローレンシア大陸とゴンドワナ大陸東部に限定されているという。

　トサカの発達が水中適応の結果として議論される一方で、ボスリオレピスは陸上を歩けたのではないか、という指摘があるのがこの属の面白いところだ。その指摘の背景には、ボスリオレピスが肺をもっていたのではないか、という議論がある。

　肺は、空気用の呼吸器官である。水中用の呼吸器官であれば、それは鰓であるべきだ。しかし、ボスリオレピスには、複数の標本から肺とみられる痕跡が発見されている。たとえば2007年には、フランス、自然史博物館のフィリップ・ジャンピエたちによって、ボスリオレピス・カナデンシスの標本から肺のような構造を

◀3-14
ボスリオレピス・ザドニカ
Bothriolepis zadonica
100以上の種があるボスリオレピス属の一つ。胴甲に「トサカ」があることが特徴。生息域が限定されていたのでは、という指摘もある。

▲3-15

ボスリオレピスの肺化石
カナダのミグアシャ国立公園で発見されたボスリオレピス・カナデンシスの一部。ぷっくりと膨らんだ部分（→で指している部分）が「肺」ではないか、といわれている。

(Photo：Philippe Janvier/the Musée d'histoire naturelle de Miguasha, Canada, PQ)

もった軟組織が報告された。3-15 この標本では、肺と思われるところにびっちりと細かな砂がつまっていた。ジャンビエたちは、これは肺か、もしくは肺とはいえないまでもなんらかの呼吸器官であるとした。

この肺呼吸説を裏づけるかのように、実際、ボスリオレピスの標本は、淡水性の堆積物から発見されることが多い。つまり、より陸地に近い環境に生息していたということだ。『The Rise of Fishes』の著者、ジョン・A・ロングは、付属肢を使って陸上の水域を渡り歩いていたという見方を紹介している。

ボスリオレピスの研究には、2014年になって"最新技術"も投入された。カナダ、ケベック大学リムスキー校のイザベル・ベッシャーたちが、CTスキャンと、そのデータに基づくコンピューター上での3次元復元を行ったのである。

ベッシャーたちが分析の対象としたのは、19の保存の良いボスリオレピスの化石と、14の部分化石だ。なかには、45ページで紹介した標本も含まれる。こうした

鰓孔

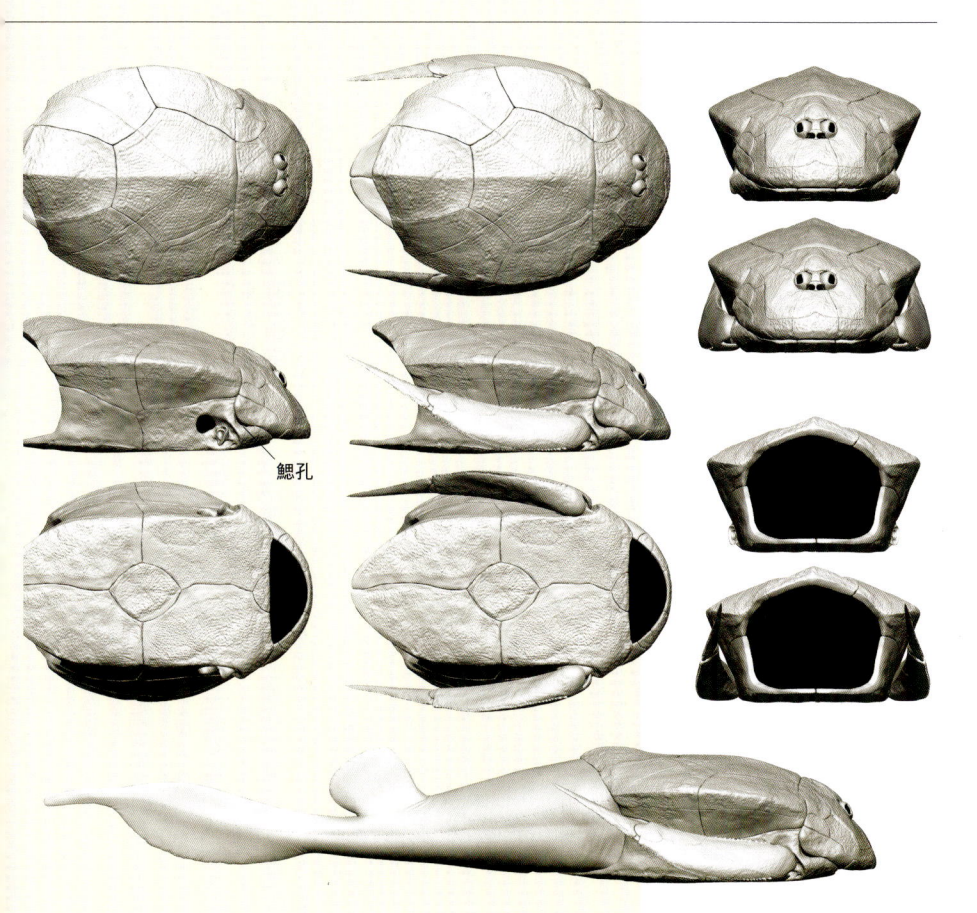

▲3-16
ボスリオレスピスの「完璧な3Dモデル」。複数の良質な化石からつくられたコンピュータ上の復元。細部の形状がよくわかる。最下段の"完全体モデル"が全長43.67cm。
(Photo：Béchard et al. 2014(Palaeontologia Electronica 17,1.2A), the authors)

標本のいわばイイトコ取りをして組み合わせることで、コンピューター内に完璧な3Dモデルを作り上げたのである。3-16 この3Dモデルは、従来考えられていたもの（▶P.46）よりも高さがある復元で、顔はかなりの急傾斜になっており、眼は正面を向いていた。なお、口に関しては従来の復元同様に頭部の底にあることは確認されたが、くわしい形状などは、この研究をもってしても不明だった。また、ジャンビエたちが報告したような"肺"の痕跡は、この研究では確認できなかった。一方で、頭部と胸部の装甲はがっしりと固定されていて、頭部だけを独立して動かすことはできないことがわかった。また、頭部と胸部の装甲の間に鰓孔とみられる穴も確認された。

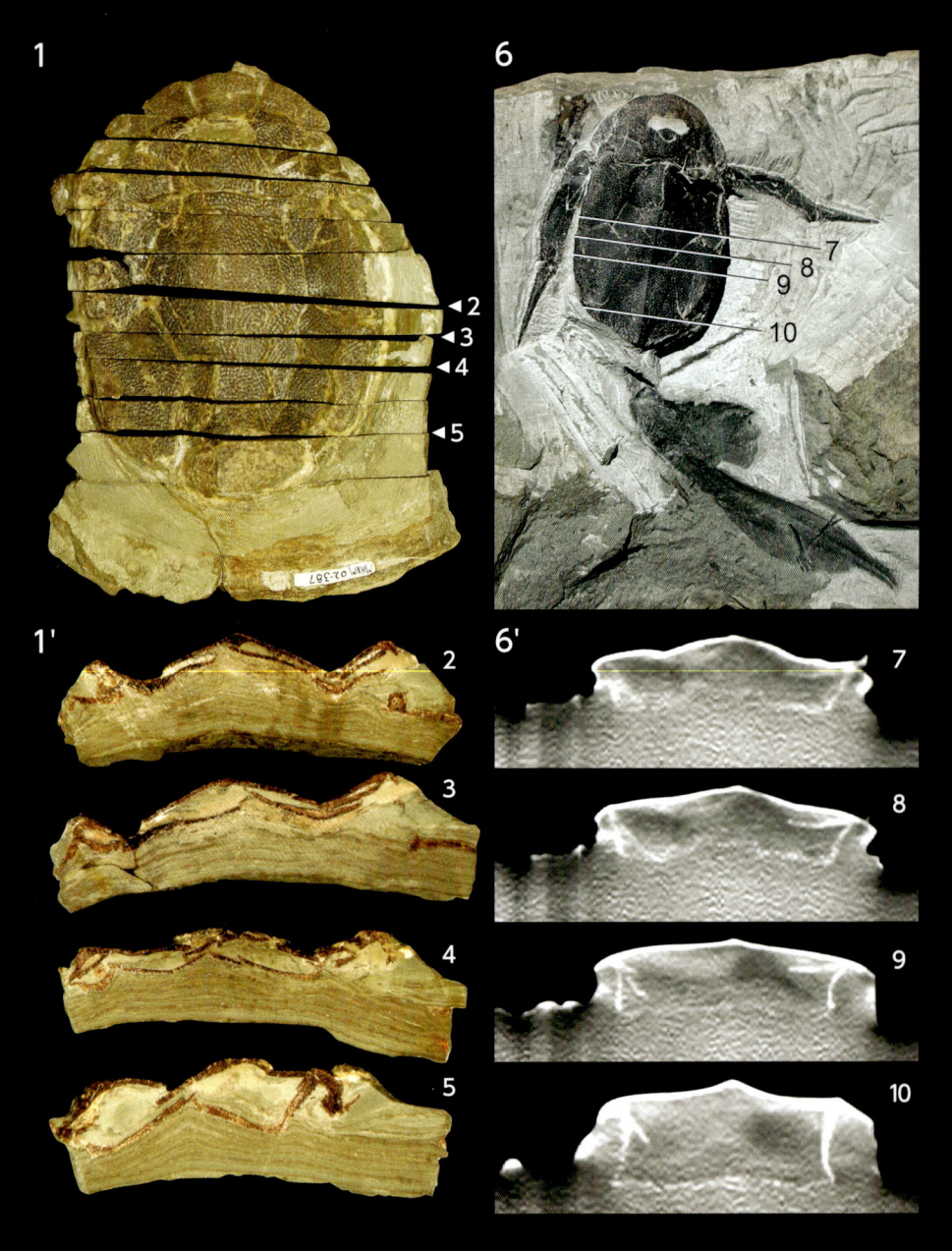

二つのボスリオレスピス標本断面。　左列の画像は1の標本を2〜5の位置で切断したもので、右列の画像は6における7〜10でCTスキャンを撮影している。　どちらも真上から見ただけでは同じように見えるが（最上段）、1の標本は"甲冑"が岩の中でひしゃげているのに対し、6の標本は箱形が比較的保たれていることがわかる。これらのちがいは、化石化の過程をあらわしているとされる。

(Photo：Béchard et al. 2014(Palaeontologia Electronica 17,1.2A), the authors)

コンピューター上で再現したことによって、ボスリオレピスに関する事細かな数値が示された。例えば、作り上げられた3Dモデルは全長43.67cm。このうち、装甲で覆われた頭部と胸部の装甲は長さ15.53cmになり、これは全身の35.6%に相当する。装甲部分において、頭部の示すサイズは頭胸部の26.5%、全長比でみると9.3%になり、ボスリオレピスがほぼ11頭身だったことがわかった。付属肢の長さは全長の30.5%（13.32cm）である。付属肢は横方向に70度まで広げることができた。もっとも、最大限に広げると上下方向の可動域が制約されるので、16度がベストな開き具合となる。このとき付属肢は上下方向には15度動かすことができる。そして、付属肢の先端は45度まで曲がった……。

　ベッシャーたちは、この3Dモデルを元に、ボスリオレピスの生態についてのいくつかの検証を行っている。その一つが、付属肢の役割、である。上記の可動域を見る限り、推進力を得るために付属肢を使うのは、効率が悪そうだ。ましてロングがいうような歩行用として使用するのは難しい、とベッシャーたちは指摘する。そして、ベッシャーたちは、従来からいわれていた説の一つである、「付属肢は上下方向を調整する舵」であった可能性が高いとした。潜水艦であれば潜舵、飛行機であれば昇降舵に当たる、というわけだ。つまり、付属肢を下に向けて泳げば、ボスリオレピスは上昇し、付属肢を上に向けて泳げばボスリオレピスは下降する、といった具合である。なお、ベッシャーたちは、論文内で付属肢のことを「胸びれ」として記述している。

　良質の化石の表面の様子や内部構造を非破壊で調査できるCTスキャンと、それを3Dモデルとして復元できるコンピューター技術の発展は、ボスリオレピスに限らず、今後、あらゆる標本に適用されていくことだろう。実際問題として3Dモデルはともかく、CTスキャンには装置の費用（買うにしろ、借りるにしろ）がかかるだろうが、10年後の古生物学を変える可能性もある。ベッシャーたちの研究には、その片鱗を見ることができる。

へその緒をもつ「マテルピスキス」

板皮類は話題に事欠かない魚類グループだ。ボスリオレピスのように「肺」(?)をもつものもいれば、「胎生」でへその緒が確認されているものもいる。それが、ロングたちが2008年に報告した**マテルピスキス・アテンボロウアイ**(*Materpiscis attenboroughi*)だ。3-17 属名の「*Materpiscis*」は「母魚」を意味する。ちなみに種小名は、イギリスの動物学者ディビッド・アッテンボローへの献名である。

マテルピスキスは、板皮類のなかでも異端的なグループである「プチクトドゥス類」に属する魚類である。どうして「異端」なのかといえば、プチクトドゥス類は、板皮類の特徴である頭部と胴部の"装甲"が退化しており、一見しただけでは板皮類とはわかりにくいのだ。

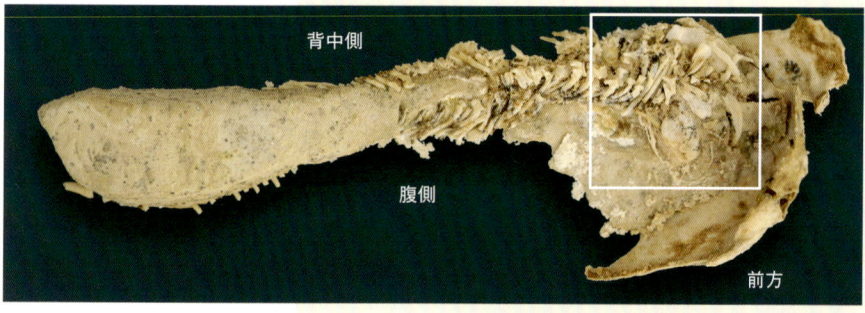

▲▶ 3-17
板皮類
マテルピスキス
Materpiscis
オーストラリアで発見されたマテルピスキスの化石(上)と白い枠内の拡大写真(下)。細かい骨の中に、細い糸のような構造が見える(白い矢印の先)。この部分が、いわゆる「へその緒」に当たるとされた。右ページ下は復元図。
(Photo: John A. Long)

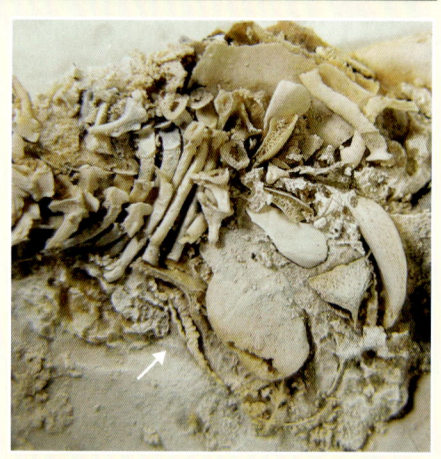

しかし、ほかの板皮類と同じく、歯ではなく歯状になった骨の板をもっているという特徴がある。そして背には鋭いトゲがある。小型種が多く、20cmをこえるものはほとんどいない。マテルピスキスはそのなかでいえば大型で、25cmの体長をもっている。頭部の先端が寸詰まりで、なんだか妙な愛らしささえ感じられる魚だ。

オーストラリアにある約3億8000万年前（デボン紀後期）の地層から発見されたマテルピスキスの体内には、胚と、胚につながる細いへその緒が確認された。つまり、マテルピスキスが胎生であるという動かぬ証拠が挙がったのである（ちなみに、見つかった胚の大きさは母親の25％ほどだった）。

学校の教科書的な話でいえば、魚類は「卵生」である。しかし、例外もある。現生種でも、一部のサメは胎生であることが知られている。このマテルピスキスにおける胎生の証拠の発見は、これまでに知られている「最古の胎生記録」を約2億年も遡るものとロングたちは指摘している。胎生、そして体内受精（胎生ということは、受精方法は当然、体内受精となる）の起源をめぐる研究に一石を投じることになりそうだ。

▲▶3-18
板皮類
ダンクレオステウス
Dunkleosteus

古生代最大最強の魚。板皮類の中の「節頸類」というグループに属する。歯のような骨の板が特徴的(実際には単純な骨ではない。P.75本文参照)。その顎の噛む力は、現生種を含むすべての魚類で最強といわれている。上の標本は国立科学博物館地球館地下2階で撮影。右ページは復元図。
(Photo：安友康博/オフィス ジオパレオント)

最強の甲冑魚「ダンクレオステウス」

　板皮類、というよりも、無顎類である翼甲類なども含めたいわゆる「甲冑魚」のなかで、ずば抜けた存在感を放つのが**ダンクレオステウス**(*Dunkleosteus*)だ。3-18 体長は8mとも10mともいわれる。古生代の魚類のなかでは最大級の大きさで、デボン紀後期の海洋生態系の頂点にいたとされる。日本ではかつて「ディニクチス」の名前でよばれていたので、世代によってはこちらの名前の方がしっくりとくるかもしれない(ちなみに、「ディニクチス」は現在、ダンクレオステウスの所属する「科」の名前として使用されている)。

　ダンクレオステウスは「節頸類(せっけい)」という板皮類グループに属している。ダンクレオステウスのように頭部を完

全に皮骨で覆うものが多い。
　節頸類の特徴は、文字どおり頸の関節にある。この関節は、進化するにつれて発達し、ダンクレオステウスのように後期型の節頸類では、下顎が下がると上顎が自然にもち上がるようになっている。つまり、とくに

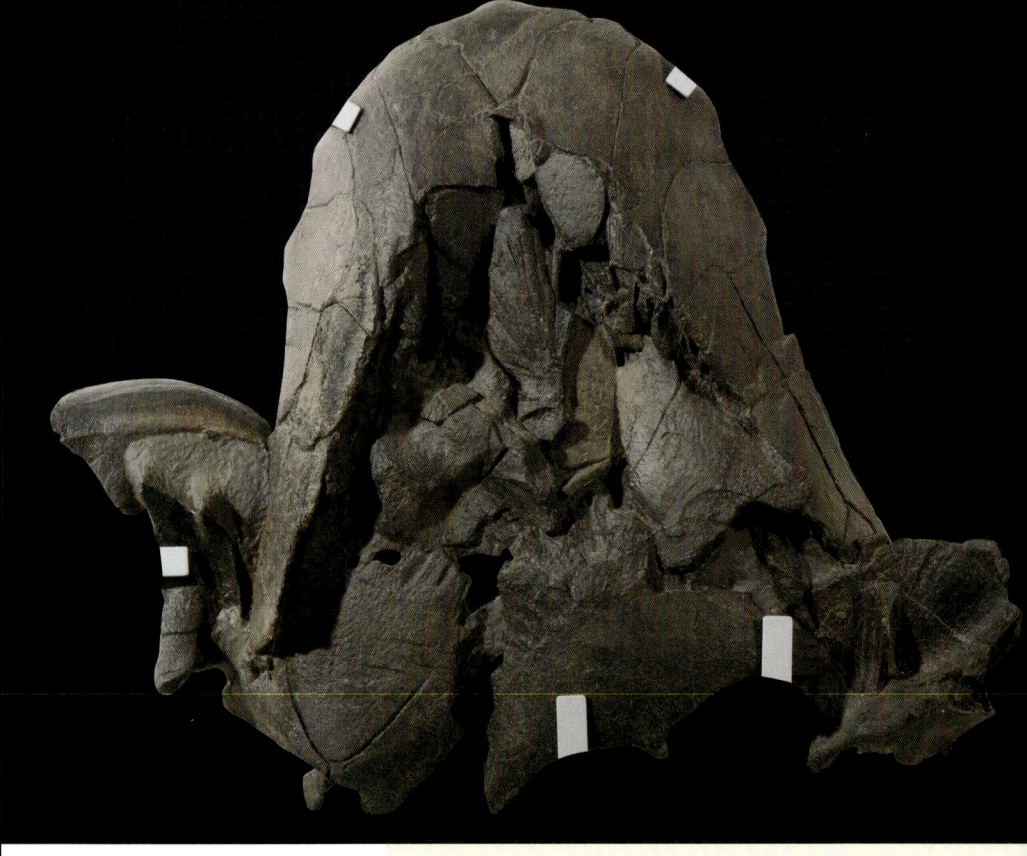

ダンクレオステウスの実物化石

ダンクレオステウスの復元骨格模型は国内外で展示されているが、実物化石の展示は珍しい。こちらは豊橋市自然史博物館に展示されている。頭部の一部を上から見ているもので、画像上が顔の正面に当たる。アメリカ、オハイオ州産。

(Photo：安友康博/オフィス ジオパレオント)

力を必要とせずとも、それだけ大きく口が開くのだ。

ダンクレオステウスの化石は、まさに甲冑のような概観で、ずんぐりとした頭部と胸部（胸びれのつけ根部分）で構成されている。頭部の骨板は口先で鋭く尖っており、一目見ただけでこの魚が獰猛であったことが想像できる。3-19

アメリカ、シカゴ大学のフィリップ・S・L・アンダーソンとマーク・W・ウエストニートは、ダンクレオステウス・テレリ（*Dunkleosteus terrelli*）の噛む力をコンピューターモデルを用いて分析した。その結果、口先で4400N（ニュートン）以上、口の奥では5300N以上の力を出していたことが判明した。ちなみにヒトの噛む力は1000Nに満たず、オオカミで1500Nほど、アリゲーターでさえ4000Nに届かない。水中生物では、ホホジロザメが3100Nほどである。アンダーソンとウエストニートは、この数値

▲3-19
ダンクレオステウスの下顎と思われる化石。モロッコ産。モロッコでは、ダンクレオステウスとみられる化石が、バラバラの状態で発見されるという。
(Photo：オフィス ジオパレオント)

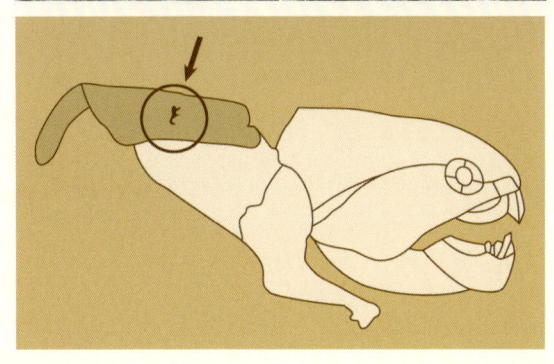

◀▲3-20
モロッコで発見されたダンクレオステウスの頭骨の一部。貫通する孔が確認できる。左上の写真は、その孔を拡大したもので、外側から撮影したもの(A)と内側から撮影したもの(B)。左は、この化石と孔の位置を示したものである。ダンクレオステウスに傷をつけた最有力の"容疑者"として、やはりダンクレオステウスの名前があがっており、彼らが同属を襲っていた証拠とされる。これらの画像は、L. Capasso教授の好意による。
(Photo：JOURNAL OF PALEOPATHOLOGY)

は化石種と現生種を含めたすべての魚類のなかで最強であるばかりでなく、全動物のなかでも最強クラスであると指摘した。

　ダンクレオステウスの獲物のなかには、同族も入っていたようだ。つまり、共食いしていた可能性も高いとされる。3-20　そして、消化しきれなかった骨などははき出していたとみられ、ダンクレオステウスの化石が発見されている地層からは、その「ダンクレオステウスの骨入り吐瀉物」とみられる化石も発見されている。

57

▲3-21

板皮類（節頸類）に確認された筋繊維
インシソスクテム
Incisoscutum

標本（上）と、上の画像の赤い枠内の拡大写真（下）。標本は背側から撮影されたもので、拡大してみると線状の構造が見える。これが筋繊維ではないか、とされている。黒いスケールバーが1cmに相当する。

(Photo：Trinajstic et al. 2013 (science.1237275), the authors)

板皮類には腹筋も……

現在の魚類の常識から考えれば、いろいろと"規格外の魚類"である板皮類に、さらに新たなる知見が2013年に追加された。

オーストラリア、カーティン大学のケイト・トリナジェスティックたちが報告したのは、インシソスクテムなどの板皮類の筋組織だ。トリナジェスティックたちは、オーストラリア西部に分布するデボン紀後期のゴゴ層から発見した節頸類の複数種の化石に、筋組織が残っていたことを見出したのである。3-21

念のために書いておくと、筋肉のような軟組織が化石に残ることはめったにない。

この研究では、複数の筋組織が報告された。本書ではそのなかでも、"腹筋"に注目したい。

腹筋は、現在は陸上動物だけがもつ筋肉である。当然、魚類はもっていない。そのため、腹筋は動物が陸に上がってから獲得した筋組織であるとみられてきた。しかし、今回見つかった化石で節頸類（板皮類）に腹筋が確認されたことによって、腹筋が上陸とは無関係に発達したものである可能性が強くなったのだ。ちなみに、この論文で報告された節頸類が陸上生活していた可能性はない。

板皮類の近縁グループに、サメの仲間がいる。詳しくは後述するが、今回確認された筋肉は、近縁であるはずのサメのものとは根本的に異なるものだった。トリナジェスティックたちによれば、それはもっと原始的なものであるという。

板皮類は、ヒトの直系の祖先？

もう一つ、板皮類の話題を紹介しておこう。

2013年になって中国科学院の朱敏（チューミン）たちは、中国の雲南省にある約4億1900万年前のシルル紀末期の地層から、推定体長20cm以上の板皮類**エンテログナトゥス・プリモルディアリス**（*Entelognathus primordialis*）を報告し

頭蓋　眼窩　鼻孔

上顎

下顎

た。3-22 エンテログナトゥスの最大の特徴は、それまで硬骨魚類にしかないとみられていた前上顎骨、上顎骨、歯骨の三つの骨をもっていたという点だ。朱たちは、この点に注目し、板皮類の系統的な位置を硬骨魚類の直前に置いた。つまり、硬骨魚類は板皮類から誕生したものというわけである。私たちヒトを含む陸上脊椎動物は、やがて硬骨魚類の仲間から進化する。……ということは、ヒトの直系の祖先に板皮類が位置づけられることになる。

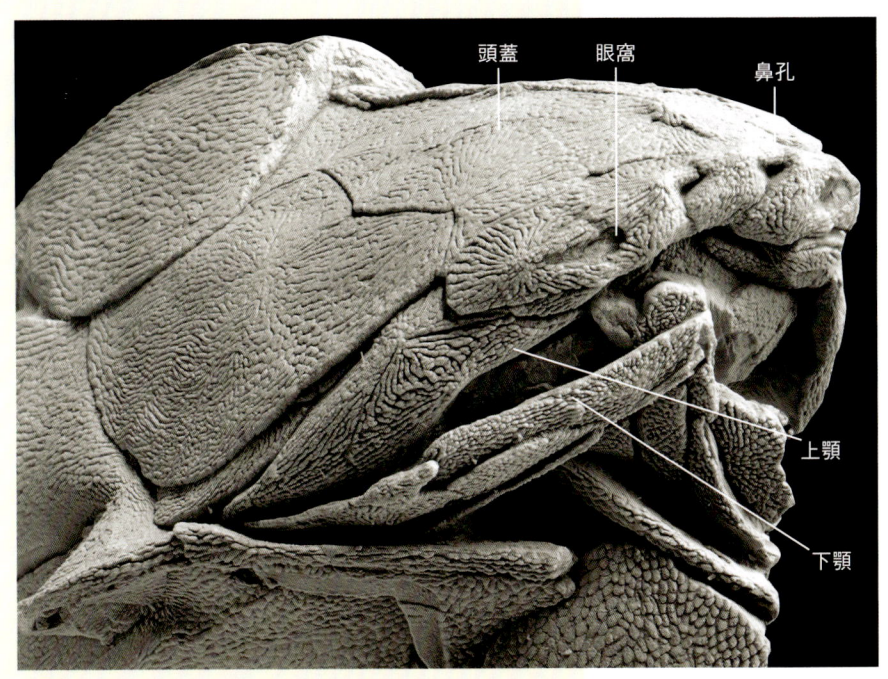

◀▲3-22
板皮類
エンテログナトゥス
Entelognathus
画像は、中国雲南省から発見された化石。眼窩や鼻孔などもこの角度から確認できる。板皮類のなかでも特殊化した種であり、今後の研究の展開が注目されている。
(Photo：朱敏)

もっとも、この考えはまだ研究者間のコンセンサスを得られていない。とくにエンテログナトゥス自体が板皮類のなかではかなり特殊な存在で、本書で紹介してきた種ばかりか、これまでに知られているどの板皮類とも似ていないのである。大きな意味をもつ化石だけに、今後のさらなる発見と研究が期待される。

　肺呼吸をしていたり、へその緒や強力な顎、腹筋をもっていたり……。板皮類には、さまざまな独自の特徴があった。しかも一方で、現生陸上脊椎動物の直系の祖先であるともされる。じつに謎に満ちた存在である。

　板皮類はデボン紀の海洋世界を代表する存在でもあった。ところが、新たな魚類グループとの生存競争に敗れ、デボン紀末から石炭紀の早い段階で、続々と姿を消していくことになる。

　板皮類との競争に勝ったグループこそが、現在に至るまでの海洋生態系で頂点に君臨することになるサメの仲間、「軟骨魚類」のグループだ。

サメ類の勃興

　現在の海で最も出会いたくない魚類を一つ挙げるとすれば、おそらく多くの読者が「サメ」と答えるだろう。流線型の体、三角形をした独特の背びれ、そしてなによりも鋭い歯が特徴的で、一度見たらそう簡単に忘れることができるものではない。実際、毎年世界中で、サメによる人的被害が報告されている（ただし、すべてのサメが獰猛でヒトを襲うわけではない）。現生種は約400種。なかでも、ジンベイザメ（*Rhincodon typus*）は体長15mにおよび、現生魚類において最大とされる（ちなみに、ジンベイザメは比較的おとなしいサメである）。

　これらサメを中心とした軟骨魚類は、文字どおり「軟骨」でできた骨格をもつ魚たちで、現生種は800種をこえる。先に紹介した板皮類も、硬骨でできた甲皮部分をのぞけば化石に残らないことから、体軸は軟骨でできていたと考えられており、この点で軟骨魚類と板皮類は近縁とみなされている。

◀ 3-23
軟骨魚類
ドリオダス
Doliodus

最古のサメ類とされるドリオダス。その化石標本である。背側から見ており、画像上が口先に当たる。画像中程の左右には、胸びれの前縁にあるトゲが確認できる。全身像は不明。標本長約23cm。
(Photo:New Brunswick Museum, N.B., Canada (NBMG 10127))

胸びれ
前縁のトゲ

　軟骨魚類には軟骨という特徴のほかにも、体内受精をする（胎生である）という特徴や、視覚よりも嗅覚が発達しているという特徴などがある。鰾をもたないこともポイントの一つだ。

　彼ら軟骨魚類は、オルドビス紀後期には登場していたとみられている。しかし、硬骨ではない体は化石に残りにくいため、初期の情報はけっして多くない。とくにサメ類に関しては、今から約4億900万年前のデボン紀前期のドリオダス（*Doliodus*）が、骨格が見つかっているなかでは最古の存在だ。

　カナダ、ニューブランズウィック博物館のランダル・F・ミラーたちが報告した**ドリオダス・プロブレマティク**

尾びれ

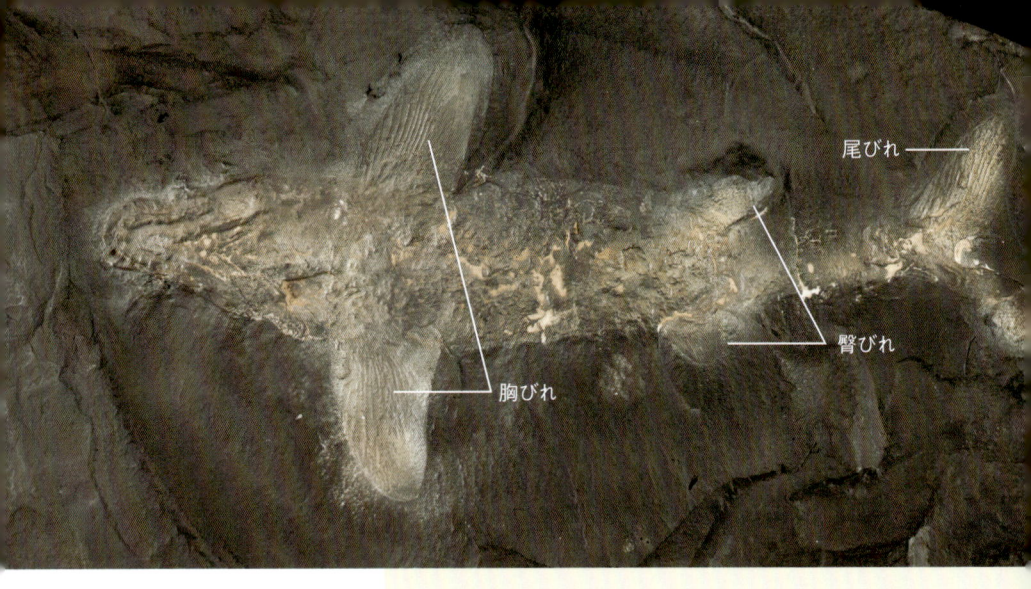

臀びれ

胸びれ

▲▶ 3-24
軟骨魚類
クラドセラケ
Cladoselache
デボン紀におけるサメ類の代表的な存在。左はそのレプリカで、右は実物化石。レプリカでは全身がよく再現されており、胸びれや尾びれなどが確認できる。実物化石は、アメリカ、オハイオ州産。ともに群馬県立自然史博物館所蔵。
(Photo:安友康博/オフィス ジオパレオント)

ス(*Doliodus problematicus*)は、標本としては23cmほどの部分化石だった。3-23 そこから推測された体長は50～75cmである。全身の復元像は今なお不明ながら、1対の胸びれをもっていたことは確認されている。生息域は河口かラグーンだった。

その後、サメ類はデボン紀後期には80種にまで多様性を広げ、世界中の水域に進出することになる。ひときわ存在感を放つのは、アメリカのオハイオ州やペンシルバニア州で良質の化石が産出する**クラドセラケ**(*Cladoselache*)だろう。3-24

クラドセラケは、初期のサメ類を代表する存在として知られ、大きさは最大で2mほどである。一見すると現生サメ類とよく似ている。胸びれと腹びれが発達し、上昇能力や方向転換能力、急制動能力に長けていたとみられる。大きな尾びれは、クラドセラケがすばやく泳げたことを示唆している。なお、筋肉を付けた状態では尾は上下対称に見えるが、内部の骨は上下非対称である。

クラドセラケの存在が示唆するように、初期のサメ類はその機動力において板皮類を上回っていた可能性が高い。このことが、サメ類がその後の生態系の頂点に君臨し、デボン紀に空前の繁栄を誇った板皮類を絶滅に追いやることにつながったのかもしれない。

眼(?)　　　　　　　　　　　　　　　　　　　　　　　胸びれ

クラドセラケの復元図
一見して、現生サメ類とよく似ており、優れた機動力があったことが推察される。デボン紀の軟骨魚類において、おそらく最もよく知られた種だろう。

顎をもつものたちの関係

　シルル紀に「最初に顎をもった魚類」として登場したグループに、棘魚類がいる。文字どおり、ひれの前縁にトゲをもつ魚たちで、デボン紀においてもさまざまな種が確認されている。たとえば、南アフリカから発見されている**ディプラカンサス・アクス**(*Diplacanthus acus*)は、

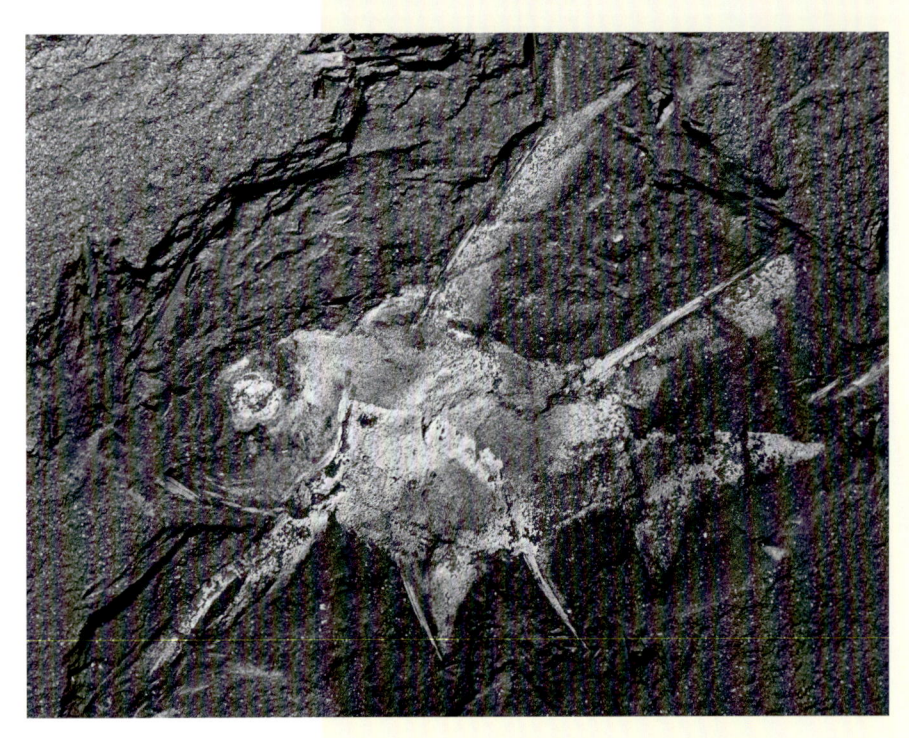

▲3-25

棘魚類
ディプラカンサス
Diplacanthus

南アフリカの道路脇の露頭から発見された化石。ほぼ全身が確認できるきわめて良質な標本である。とくに棘魚類の特徴である「ひれの前縁にあるトゲ」の存在がよくわかる。標本長は10cmほど。

(Photo：Robert Gess)

体長は10cmと小柄ながら、背と腹に鋭く長いトゲをもち、その高さは合計15cmにも達していた。3-25

　棘魚類の特徴の一つは、いずれも海表層・中層で生活していた種であるということだ。古生代の海においてそれなりに繁栄していたグループであるにも関わらず、棘魚類の仲間からは、底生生活に適応した種は出現しなかった。ディプラカンサスもその例にもれず、遊泳種であったとみられている。

　さて、棘魚類を含む"有顎魚類"の各グループが、たがいにどのような関係にあるのかについては、実際のところよくわかっていない。板皮類や軟骨魚類、棘魚類のほか、条鰭類、肉鰭類という魚たちは、たがいにどのような系統関係にあるのか？

　脊椎動物の初期進化にも関係するこの疑問について、新たな報告があったのは2009年のことだ。

　イギリスのデボン紀初期（約4億1800万年前〜約4億1200万年前）の地層から、棘魚類**プトマカントゥス**

◀▼3-26
棘魚類
プトマカントゥス
Ptomacanthus

写真は、イギリス、イングランドで発見された頭蓋骨の化石。画像の上部に左右に並ぶ細かなパーツが積み重なった場所では、次に使う歯が下層に準備されている。画像の上下が約6cmに相当する。
(Photo：The Trustees of the Natural History Museum, London)

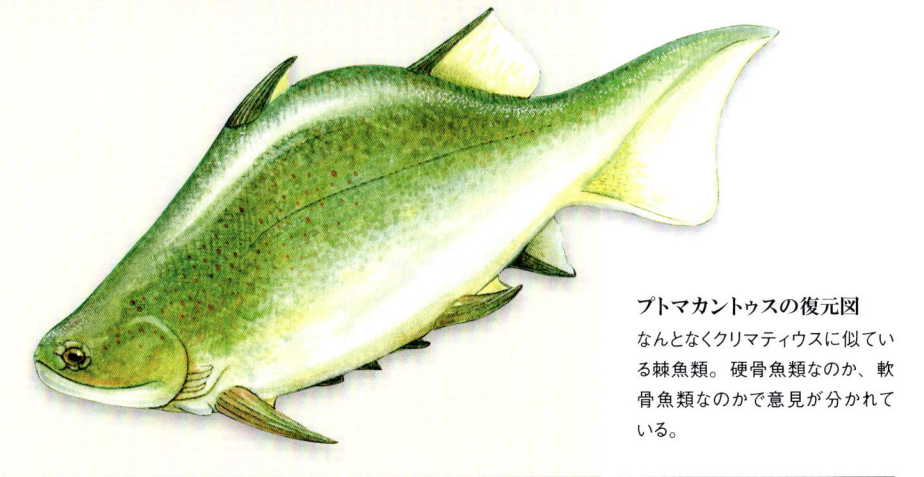

次の歯が準備されて重なっている

プトマカントゥスの復元図
なんとなくクリマティウスに似ている棘魚類。硬骨魚類なのか、軟骨魚類なのかで意見が分かれている。

（*Ptomacanthus*）の脳函と顎の化石が発見された。[3-26] プトマカントゥスは体長40cmほどで、シルル紀からデボン紀にかけて生息していた**クリマティウス**（*Climatius*）[3-27]に近縁であり、なんとなく似た姿のもち主である。

2009年に、スウェーデン、ウプサラ大学のマーティン・D・ブラゾーは、このプトマカントゥスの脳函化石を分析した研究を発表した。

この研究によれば、プトマカントゥス（とその近縁種）は、そもそも硬骨魚類というよりは、板皮類や初期の軟骨魚類とよく似ているという。ブラゾーたちは、プトマカントゥスなどの初期の棘魚類は、軟骨魚類の最も根っこの部分に位置づけられるとしている。

その一方で、進化型の棘魚類として1億年ほど後の時代に出現する別の棘魚類には、硬骨魚類としての特徴が確認できるというからややこしい。これからもその系統関係についての議論は続きそうだ。

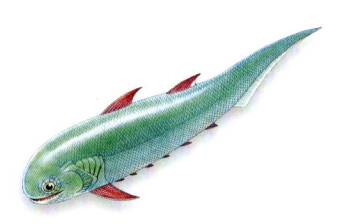

シーラカンス、出現する

シーラカンス。「生きている化石」として知られる魚類である。正確にいえば、「シーラカンス」とは「肉鰭類」という魚類グループ内の1グループをさす言葉で、現生種は、そのグループのなかの「**ラティメリア**（*Latimeria*）」という種である。[3-28]

ラティメリアに代表されるシーラカンス類の特徴は、胸びれ、腹びれ、第2背びれ、第1臀びれに骨格と筋肉

▲3-27
近縁種とみられるクリマティウス。最初期の顎をもった魚として知られる。

▶3-28
シーラカンス類
ラティメリア
Latimeria
現生種。アフリカ東海岸沖と、インドネシア沖に生息している（両者は同属別種）。いわゆる「シーラカンス」といった場合は、この属をさす場合が多い。肉鰭類の代表的な存在。
(Photo：David Fleetham/Oceanwidelmages.com)

でできた"腕"が確認できること、脊椎骨をもたず、脊柱がチューブ状になっていること、頭蓋骨が前後に分かれてたがいに関節していることなどが挙げられる。ラティメリアはシーラカンス類としては大型で、体長は2mに達する。南アフリカ沖に生息するラティメリア・カルムナエ(*Latimeria chalumunae*)と、インドネシア沖に生息するラティメリア・メナドエンシス(*Latimeria menadoensis*)の2種が確認されている。ちなみに、シーラカンス類の化石種は80種以上が報告されている。

ラティメリアが「生きている化石」といわれるのは、化石種とほとんど姿が変わらないからである。実際、ラティメリアと同じ系統に属するシーラカンスで最も古いものは、約4億900万年前のデボン紀前期の地層から発見されている。その学名を「**ユーポロステウス・ユンナネンシス**(*Euporosteus yunnanensis*)」という。3-29 中国の雲南省から2012年に報告されたもので、この標本自

◀3-29
シーラカンス類
ユーポロステウス
Euporosteus
中国雲南省から発見された化石。大きさは1cmほどで、この画像では上が口先になる。全身像は不明ながらも、部分化石の特徴から現生シーラカンス類の系統に属するものとされた。
(Photo：朱敏)

▼3-30
シーラカンス類
ミグアシャイア
Miguashaia

姿が復元できるシーラカンス類としては最古級で、原始的な存在とされる。淡水性。一部のひれには、シーラカンス類の特徴である"腕"をみることができない。写真は、カナダのケベック州から産出した化石。標本長40cm。
（Photo：Miguasha national park, Quebec, Canada）

体は大きさ1cmほどの頭骨化石だったが、その特徴からラティメリアに連なる系統に属するものとされた。

　この約4億900万年前の標本が、シーラカンス類のものとしては最古のものとなる。しかし、本種を報告した朱敏たちは、当時すでにシーラカンス類の多様化が始まっていたと指摘している。それは、デボン紀の中期や後期の地層から、より原始的なシーラカンス類の化石が発見されているからだ。のちの時代に、より原始的な種が存在するということは、ユーポロステウス・ユンナネンシスの登場よりも前に、その原始的な種との分岐があったと考えられるのである。

デボン紀

シーラカンス、多様化する

　原始的な種としてよく知られているシーラカンス類として、デボン紀後期の**ミグアシャイア**（*Miguashaia*）がいる。3-30　ミグアシャイアは、ラティメリアとは異なって第2背びれ、第1臀びれに"腕"がなく、またそもそも背びれが一つ少ないなどの特徴がある。

　また、こうした初期のシーラカンス類の多様性を象徴しているともいえるのが、デボン紀中期〜後期の**ホロプテリギウス・ヌダス**（*Holopterygius nudus*）だ。3-31

　ホロプテリギウスは独特の姿をもったシーラカンス類で、尾びれの領域がやたらと広い。それゆえに、とくに後半身は、まるでウナギのような見た目となっている。記載そのものは1973年に行われたが、長い間、その所属は不明だった。ウナギと同じ条鰭類とみられたこともある。2006年にアメリカ、シカゴ大学のマット・フリードマンとミカエル・I・コーテスによって細部の

▲3-31
シーラカンス類
ホロプテリギウス
Holopterygius
ドイツから産出した化石と、その復元図。一見しただけで、ラティメリアやミグアシャイアとは異なる姿をしていることがわかる。当時、いかにシーラカンス類に多くの種類がいたのかを物語る好例の一つ。標本長6.5cm。
（Photo：Matt Friedman, University of Oxford）

調査が行われたことで、シーラカンス類と特定されるに至った。ミグアシャイアよりも進化的で、現生種への系譜の根幹近くに位置づけられている。

　ホロプテリギウスの存在が意味するのは、デボン紀中期までの間にシーラカンス類の多様化が始まっていたということだ。ここにも、魚類黄金時代の幕開けを見ることができるのである。

空気呼吸をする魚の登場と繁栄

　多くの魚類は、鰓で呼吸をする。もっとも、鰓はなにも魚類だけがもつものではなく、ほとんどの水棲動物がもっている。水中にとけ込んだ酸素を吸収し、二酸化炭素を排出する呼吸器官であり、水中でのみ機能する。一方、陸上動物のもつ肺は、大気から酸素を取り込むための呼吸器官だ。この呼吸器官は水中では機能しない。

　すでに紹介したように、板皮類（胴甲類）のボスリオレピス（▶P.46）は、肺呼吸をしていた可能性のある魚類だった。それゆえに陸上の水域を渡り歩いていた、などという仮説も提唱されている。

　実際、魚類のなかには、まちがいなく水中生活者でありながら、肺をもつ魚類グループが存在する。それが「肺魚類」だ。現生種は、オーストラリア、南アメリカ、アフリカの淡水に計6種だけ確認されている。この

▶3-32
肺魚類
ネオケラトダス
（オーストラリアハイギョ）
Neoceratodus
肺魚類の現生6種のなかで、最も原始的な存在とされる。淡水性で、カエルやエビの仲間などを食べる。
(Photo：Rudie Kuiter/Oceanwidelmages.com)

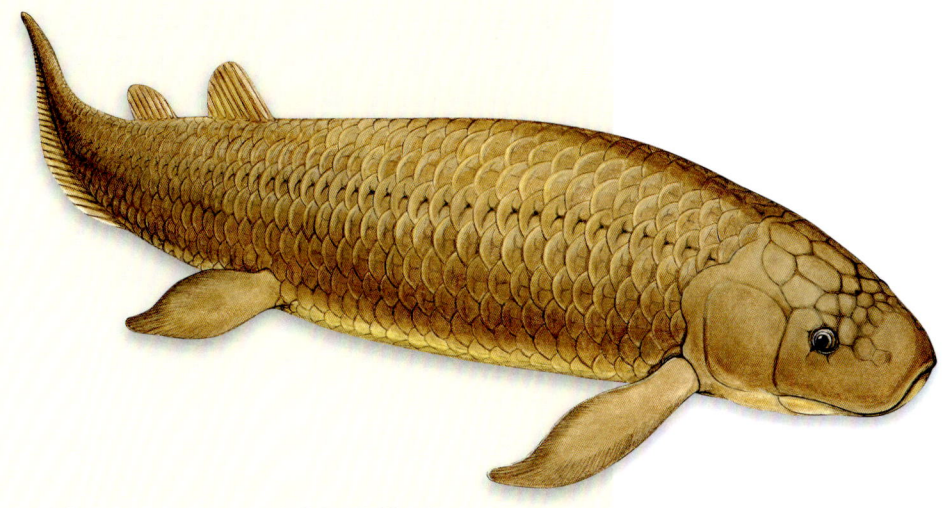

うち、オーストラリアの**ネオケラトダス**（オーストラリアハイギョ：*Neoceratodus*）が最も原始的な種とされる。
また、オーストラリアハイギョは胸びれと腹びれをもつが、ほかの種はこれらが鞭状に変化している。

肺魚類はデボン紀に登場し、そしておおいに繁栄した。最古の肺魚類の化石は、中国雲南省のデボン紀前期の地層から産出したディアボレピス（*Diabolepis*）だ。ディアボレピスは全身の復元に十分なだけの化石は発見されていないものの、頭骨を中心に複数の標本が報告されている。

いくつかデボン紀の肺魚たちを紹介しておこう。
オーストラリアのデボン紀前期の地層から発見されて

▲3-33
肺魚類
ディプノリンクス
Dipnorhynchus
体長1.5mに達した、当時としては大型の肺魚類（現生種のネオケラトダスとほぼ同じサイズ）。詳しくは次ページ本文で。

◀▲3-34
肺魚類
ディプテルス
Dipterus
体長20cmほど。デボン紀中期を代表する魚類でもある。左の画像は、その化石。詳しくは次ページ本文で。
(Photo：Carola Radke/Museum für Naturkunde Berlin)

いる**ディプノリンクス**（*Dipnorhynchus*）は、体長1.5mに達する大型の肺魚類である。[3-33] 分厚くがっしりとした、凹凸のある口蓋をもっていた。この口蓋を使うことで、二枚貝やほかの動物のかたい殻などを砕き、食していたとみられている。現生種と異なって、独立した背びれ、臀びれ、胸びれ、腹びれをもつ。

スコットランドなどから化石が発見されている**ディプテルス**（*Dipterus*）は、デボン紀中期の代表的な存在とされる。[3-34] 歯をもたず、歯のような構造のある口蓋をもつ。体長は20cmほどで、やはり独立した背びれ、臀びれ、胸びれ、腹びれをもつ。尾びれは上下非対称で、大きく力強いことが特徴である。鱗が大きく頑丈で、丸みを帯びていたこともわかっている。

独特の風貌をもつのは、体長20cmほどの**グリフォグナサス**（*Griphognathus*）だ。[3-35] この種は、オーストラリアのデボン紀後期の地層から発見された。吻部が長く平たくなっており、ガチョウを彷彿とさせる。この平たい吻部は、サンゴの枝をへし折ったり、海底を掘り込んで、やわらかい蠕虫(ぜんちゅう)などを探すのに使っていたのではないか、と指摘されている。

デボン紀においておおいに多様化をとげた肺魚類は、最大で2mの種も生み出し、デボン紀末にはその絶頂期を迎えることになる。

雌伏を続ける条鰭類

デボン紀において、魚類は海洋世界における"覇権"を確立した。しかし、その内容は現在の海とはだいぶ異なっていた。象徴ともいえるのが、条鰭類である。

条鰭類は、現生種の数が約2万7000という巨大グループである。

▼3-35
肺魚類
グリフォグナサス
Griphognathus
体長20cmほど。まるで現生のガチョウのように、平たく長くのびた吻部が特徴。この吻部は、サンゴをへし折ったり、海底を掘り進んだりなど、なかなか便利に使われていたとみられている。

◀ 3-36
条鰭類
ケイロレピス
Cheirolepis
体長55cm。初期の条鰭類の一種である。吻部が寸詰まりで、眼が大きいなどの特徴をもつ。彼らの仲間が魚類世界に台頭するには、まだ長い年月を必要とする。

　この膨大な種数は魚類随一であることはもちろん、陸上動物を含めた現在のすべての脊椎動物種の半数を占めるほどだ。
　デボン紀の条鰭類として挙げるとすれば、**ケイロレピス**（*Cheirolepis*）が筆頭候補だろう。3-36　体長55cmほどで、その姿はすでに紹介した肺魚類のディプテルスといくつかの点で似ている。それは、紡錘形の全体像や、頑丈な鱗、上下非対称の尾びれをもっていたりする点である。
　一方で、ケイロレピスには独自の特徴がいくつもあった。鱗が四角形であったり、吻部が寸詰まりであったり、眼が大きかったりするのだ。背びれも、ディプテルスとは異なって1基しかない。
　デボン紀の海洋世界において、条鰭類はまだ原始的な存在で、種数も少なかった。条鰭類が魚類のなかで一定の地位を獲得するまでは、もう少し時間を必要とする。

歯の起源と進化

　魚類について大きくページを割いたところで、その歯の多様性についてここで触れておきたい。
　じつは魚類は、脊椎動物のなかで唯一、歯の多様性をもつグループである。
　どういうことなのか？

「歯の形」の多様性でいうならば、私たち哺乳類がずば抜けている。哺乳類の場合、歯がわかれば種が特定できるほど、歯には種ごとの特徴が現れている。これは、ほかの脊椎動物のグループには見られないものだ。

　しかし、その構造という点では、哺乳類の歯は共通している。基本的には真生象牙質を内側とし、エナメル質を外側とした構造なのだ。この構造は、爬虫類や両生類とも共通している。つまり、陸棲脊椎動物の歯の構造は、基本的には同じなのである。

　一方で、魚類はどうか。魚類には、陸棲脊椎動物と同じ真生象牙質とエナメル質で構成された歯以外にも、大きく三つの構造が確認されている。象牙質の部分がスカスカになっているタイプ（骨様象牙質）、象牙質の部分がひだひだになっているタイプ（皺襞象牙質）、そして血管を含むタイプ（脈管象牙質）である。これらの歯のタイプは、たとえば「真生象牙質は棘魚類、皺襞象牙質は軟骨魚類」、というように明確には分けられず、各タイプの歯が各魚類グループのなかに存在している。

　進化の順番で考えれば、もともと脊椎動物は、魚類段階では多様な歯の構造が発達していた。そのなかで真生象牙質をもつものからたまたま、のちの四足動物が進化したということになる（四足動物の誕生については、第6章で詳しく述べる）。

　では、そもそも歯はいかにして誕生したのだろうか？

　歯の誕生は、顎の誕生とともにあった。というのも、シルル紀に顎をもった最初の魚として登場した棘魚類には、すでに歯がそなわっていたのだ。

　しかし、それ以前の魚類、たとえば翼甲類にも、じつは歯と同じ構造をもつ部位が確認されている。それが、体の表面を覆う甲羅（甲皮）である。翼甲類の甲羅をよく見ると、象牙質の突起が確認できるのだ。

　現在、もっともよく知られている歯の誕生の仮説は、こうした突起が口の中にも発達し、それが歯になったというものである。これを「アウトサイド・イン仮説」という。もっとも、近年になって、じつはのどに歯ができて、それが口先へと"進出"したという「インサイド・

◀ 3-37
条鰭類
スポッテッド・ガー
Lepisosteus
現生種。大きなものでは全長90cmになる。「ガノイン鱗」をもつ。いわゆる「古代魚」の一つ。
(Photo：U.S. Fish and Wildlife Service, Brian Montague)

アウト仮説」も提案され、議論が起きている。

　主流のアウトサイド・イン仮説は、じつにもっともらしい歯の誕生の仮説である。実際、翼甲類ならずとも、歯のような構造の"外皮"は確認できるからだ。その典型例が、軟骨魚類のもつ「サメ肌」である。サメ肌は、「楯鱗」ともよばれる鱗で構成され、歯と同じ構造をもっている。よく似た構造は、「古代魚」といわれる古典的な条鰭類——ポリプテルス（*Polypterus*）や**スポッテッド・ガー**（*Lepisosteus*）などの仲間——にも確認できる（これを「ガノイン鱗」という）。3-37　ちなみに、そのほかの大半の条鰭類では、こうした構造は失われ、鱗はただの薄い骨の板だけになっている。これは、鱗を薄くして防御性を下げたかわりに、軽量化によってすばやい動きを可能にしたため、といわれている。

　デボン紀に繁栄した板皮類については、先ほど「顎はあれども歯はもたず、そのかわり顎の骨自体が鋭利で歯のようになっていた」と書いた。これは歯の構造の視点で詳しく見ると少しちがう。板皮類に見られる"歯のような骨"は、じつは歯と骨の中間ともいえる構造をしている。骨の中に歯のような構造が埋まっており、一部だけ硬くなっているのだ。これを「歯板」という。歯板は、使い続ければ、"歯"の部分とそうでない部分で硬さのちがいから凹凸ができ、より歯としての機能が強まるようになっている。

　このように歯一つをとっても、魚類の進化はじつに多様であり、研究者によって専門的な解析が進められている。

デボン紀

4 大魚類時代の舞台

デボン紀の礁世界

　魚類の繁栄が確立したこの時代、彼らを取り巻いていた世界はどのようなものだったのだろうか？　海は魚類だけのものにあらず。本章ではほかの生物について注目していこう。

　地質時代の礁の変化についてまとめられた『Reef Evolution』（レイチェル・ウッド著）によれば、デボン紀、とくにその中期〜後期にかけて、礁はひたすら拡大していったという。その現象は世界中で見られ、規模はカンブリア紀から現在に至るまでの間で最も広かったとされる。

　この時期の礁は多様性にも富んでいた。シアノバクテリアによる微生物礁、カイメンや床板サンゴによる大きくて複雑な骨格礁などがあった。礁は小動物にとって住処であり、逃げ場所だった。礁が織りなす複雑な海底地形が、デボン紀の海洋生態系の構築に、一役買っていたのである。

腕足動物の「無気力戦略」

　腕足動物は古生代の海で繁栄した動物群で、二枚貝類とよく似た姿のもち主である。

　しかし、よく見ると外見上に大きなちがいがある。二枚貝類は1枚の殻が左右非対称で、対となる2枚の殻が左右対称になっている（アサリなどの味噌汁の具材に注目してほしい）。それに対し、腕足動物は1枚の殻は左右対称であっても、対となる殻は対称ではない。この特徴のため、二枚貝類の2枚の殻を「左殻・右殻」とよぶのに対し、腕足動物の殻は「背殻・腹殻」とよぶ。

　腕足動物はオルドビス紀以降に台頭し、確固たる地

◀4-1
腕足動物
パラスピリファー
Paraspirifer
デボン紀に繁栄したスピリファー類の代表種。殻の正中線部分が大きく湾曲して、船の竜骨のような印象を醸し出している。上の二つは、ともにアメリカのオハイオ州から産出した化石で、左の個体の標本幅が48mm。なお、左の個体が金色に輝いているのは、黄鉄鉱に置換しているためである。
(Photo：オフィス ジオパレオント)

位を築いてきた。最も繁栄したのがデボン紀である。当時は属数で450以上を数え、古生代のなかでも突出した多様性を誇っていた。

　そのなかで最も成功し、最も高い多様性を誇っていたのがスピリファーの仲間である。この仲間は、アメリカのオハイオ州で化石が産出する**パラスピリファー**（*Paraspirifer*）[4-1] に代表される。パラスピリファーは、最大で横幅6cmほどの腕足動物で、全体としてはずんぐりとした印象を受ける。正中線（左右対称形の動物の、体の中央を通る線）の部分の殻が大きく湾曲し、船の竜骨（キール）のように突出するという特徴がある。その"竜骨"部分を境にして左右対称に殻が広がる。

　2009年、東京大学（当時）の椎野勇太たちは、この形状が効率的にパラスピリファーの体内に水流を取り込むことを、コンピューターシミュレーションによって明らかにした。[4-2] 椎野たちの研究によれば、殻に凸構造があることによって、わずかに開いた殻の隙間（最大7度、5mmほどの隙間）から自然に水を取り込むことができ、さらに殻の形状によって殻の内部で水流が自然に螺旋を描くという。そうして生まれた水流は、最終的には

▶4-2
わずかな隙間から
コンピューターシミュレーションによって再現された、スピリファー類の殻の内部へ水が流入するようす。赤い×印のある場所が殻口(殻の隙間)。殻はわずかしか開いていないが、その隙間から殻内へと水が取り込まれ、そして殻内で螺旋を描いていることが示された。
(Photo：椎野勇太)

画像左からの水の流れ
ここから殻内へ
殻
殻から出る水の流れ

▲4-3
スピリファー類
ムクロスピリファー
Mucrospirifer
殻の一部がはがされ、内部の螺旋状の腕骨が露出している。椎野の研究によれば、このような螺旋構造が水流と一致するという。
(Photo：オフィス ジオパレオント)

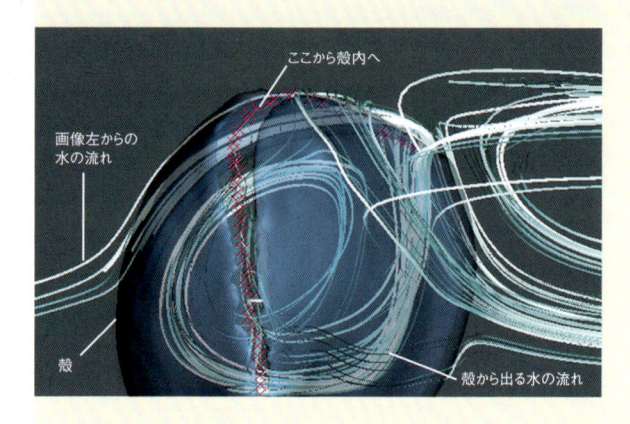

殻の隙間の両端から抜けていく。

　スピリファーの仲間の殻の内部には、螺旋状になった石灰質の骨格(腕骨)があり、その上に触手が並んでいたとみられている(これを「触手冠」という)。4-3 殻口から取り込まれ、螺旋を描く水流に、この腕骨と触手冠の形は見事に対応する。その結果、水流がもち込んだ微小な有機物を効率的に摂食することができたというわけだ。ちなみに、"本体"である軟組織は、腕骨の根元にわずかにあるだけだ。

　こうした構造が示唆するように、スピリファーの仲間は、わずかに口を開くだけで難なく食事ができるという「究極の無気力戦略」をとっていた。ちなみに、パラスピリファーの殻構造はとくに優秀で、わずか秒速1cmの水流さえあれば、水圧の変化を生じさせ、殻の内部に螺旋水流を生じさせることができたという。

　椎野は、2012年に刊行された東京大学総合博物館ニュース『Ouroboros』のなかで、スピリファーの仲間がデボン紀に繁栄した理由について、陸からの有機物の供給が増えていたことに言及している。第2章で紹介したように、デボン紀においては陸上で急速に緑化が進んでいた。この陸上の緑が、河川を通じて大量の有機物を海に供給していたというわけである。そうして増えた有機物に対し、きわめて機能的な摂食形態を手に入れていたのがスピリファーの仲間であり、ここに彼らが繁栄した理由があるのではないか、ということだ。

ウミサソリ、カブトガニ、サソリの"今"

　ウミサソリ類は、シルル紀の世界で大繁栄した"最強の節足動物"だ。その名のとおり、現生の陸生サソリに似た姿をしていた。パドル状の付属肢をもつなど、遊泳性能に優れ、進化型の種では大きく発達した鋏角（いわゆるハサミ）をもっていた。

　アメリカ、イェール大学のO・エリック・テトリィは、2007年にウミサソリ類の分布の歴史についてまとめた論文を発表している。ここでは、テトリィのこの論文に基づいて、デボン紀のウミサソリ類を俯瞰してみよう。

　デボン紀のウミサソリ類は、多様性は減少しているものの、命脈は健在である。まず、第1章でも紹介したレヘノプテルス（▶P.21）に代表される「パドルをもたないウミサソリ類」は、ローレンシア大陸東部を中心に分布していた。

　一方で、「パドルをもつウミサソリ類」としてシルル紀に繁栄を誇った**ユーリプテルス**（*Eurypterus*）⁴⁻⁴ の仲間は、デボン紀になって多様性が低下している。かわって台頭したのは、**アデロフサルムス**（*Adelophthalmus*）⁴⁻⁵ の仲間だ。彼らは、少なくとも約1億7000万年にわたっ

▼4-4
ウミサソリ類
ユーリプテルス
Eurypterus
シルル紀に繁栄したウミサソリ類。2対の付属肢がパドル状になっており、尾部の先には尾剣をもつ。

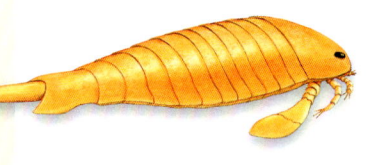

◀4-5
ウミサソリ類
アデロフサルムス
Adelophthalmus
一見するとユーリプテルスとさほどかわらない姿をしているが、デボン紀末にかけて大繁栄し、世界中に生息域を広げた。

て命脈を保ち、43種の多様性をもつようになる。

　アデロフサルムスの仲間は、一見した限りでは、ユーリプテルスとさほど大きなちがいがない体つきをしている（強いていえば、より流線型である）。ただし、デボン紀末までの間に世界各地に分布を広げたことから、高い遊泳能力をもっていたことが示唆される。

　最も進化的なウミサソリ類とされる**プテリゴトゥス**（*Pterygotus*）の仲間も健在だ。[4-6] この仲間は、とくにデボン紀前期において、世界各地から化石が発見されている。

　カブトガニ類に話を移そう。カブトガニ類は、前体、後体、尾剣の3部で構成される体をもっている。このうち、後体が明瞭な1個のパーツとして存在する仲間が、現生種を含む狭義の「カブトガニ類」だ。一方、後体にいくつかの体節が存在する仲間が、より原始的な「ハラフシカブトガニ類」である。イギリス、マンチェスター大学のライエル・L・アンダーソンと、ポール・L・セルデンによれば、進化は2段階に分かれ、ハラフシカブトガニ類からカブトガニ類が進化したという。そしてその転換期に当たるのがデボン紀だという。

　ハラフシカブトガニ類の主たる繁栄期はシルル紀だったものの、デボン紀にも、第1章で紹介した**ウェインベルギナ**のような種が確認されている。[4-7]

　もっとも、「ハラフシカブトガニ類が原始

▶4-6

ウミサソリ類
プテリゴトゥス
Pterygotus
最も進化的なウミサソリ類の一つ。大きなハサミのある付属肢のほか、尾部の先端が尾剣ではなく、"垂直尾翼"のようになってることが特徴。

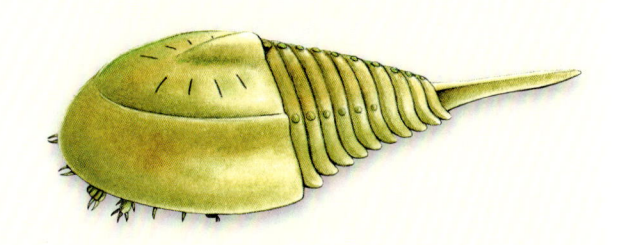

◀4-7
カブトガニ類
ウェインベルギナ
後体に節のある「ハラフシカブトガニ類」の代表種。詳細は、P.21にて。

的で、カブトガニ類が進化的である」という考えは、近年では疑問視されるようになっている。後体に節構造のないカブトガニ類がオルドビス紀の地層から発見されたのである。そのため、カブトガニ類の進化については、現在、議論中だ。

一方で、シルル紀に最大サイズの種が登場したサソリ類は、デボン紀の間に空気呼吸の術を獲得し、陸上への進出を始めたとみられている。よく似た姿をもつウミサソリ類がやがて絶滅し、サソリ類が今日まで命脈を保って陸上のさまざまな場所に生息していることを考えれば、彼らにとっての運命の分かれ道は、まさにデボン紀における陸・海の選択だったのかもしれない。

一風変わったウミユリ

デボン紀に限らず、古生代全般の海の"名脇役"といえば、ウミユリの仲間である。第1章で触れたように、ウミユリ類そのものについては、次巻でくわしく取り上げる予定なので、本章ではちょっと変わったウミユリ類を1種、紹介するのにとどめたい。

それが、ドイツやポーランド、フランスなどのデボン紀中期の地層から化石が産出する**アンモニクリヌス**(*Ammonicrinus*)だ。4-8

アンモニクリヌスは、珍妙さでウミユリ類トップクラスといえる。なにせ、ウミユリ類は「ユリ」の名前が意味するように、植物然とした姿が一般的な特徴である(実際には棘皮動物だが)。細い茎の先に萼をもち、そこから多数の腕をのばして"咲く"。そんな姿が古今東西のウ

ミユリ類の基本形だ。4-9 しかし、アンモニクリヌスはこの基本形を大きく逸脱し、"咲いて"いないのである。

　アンモニクリヌス属は複数種が確認されている。共通するのは、茎の形の変化だ。根元付近はほかのウミユリ類と同じように細い円柱状をしているものの、次第に幅広のシート状となり、そして上部はくるっと丸まっているということである。萼も腕も、その丸まった茎の中にある。種によっては、広がった茎の外側を無数の小さなトゲで武装しているものもある。

　ウミユリ類は、腕をのばして海中の有機物を捕獲し、萼にある口からそれを食べる、という生態をもっている。その視点にたてば、いかに食料を捕獲するか、腕を広げるかが重要となるはずなのに、アンモニクリヌスはそのことを放棄しているように見えるのだ。

　なぜ、アンモニクリヌスは丸まっているのか？

　ドイツ、ケルン大学地質鉱物学研究所のヤン・ボハティは、2010年に発表した論文のなかで、アンモニクリヌスの生活スタイルに関する仮説を提唱している。ボハティは、アンモニクリヌスはほかのウミユリ類のように海底から直立するのではなく、海底に横たわって暮らしていたとみた。そして、シート状に広がった茎の部分の断面が、潰れた「凹」の字のようになっていることに注目した。

▶4-9
典型的なウミユリは、このイラストのように腕を広げる。この広げた腕を使って、海中の有機物を捕獲している。

◀4-8
ウミユリ類
アンモニクリヌス
Ammonicrinus
長さ数cm〜10cm未満。茎が途中から幅広となり、萼と腕を巻き込んでいる異色のウミユリである。海底に横たわり、水流を使って摂食していたとみられている。

　ボハティによれば、少なくとも数種のアンモニクリヌス属が暮らしていた海底の水流は、けっして速くなかった。そのような場所では、茎上部の丸みをわずかにゆるめれば、丸みの内部にある萼へと向かう水流が生じる。このとき、凹構造は、水流を萼にある口へ効率的に運び込む水路の役割を果たしていたというのである。そして上部の丸みを引き締めれば、丸みの内部の水が出て行くという。それをまたゆるめれば、水流は再び茎の"水路"を通って、萼へと向かう。もちろん、水流とともに有機物を萼にある口へと運ぶためだ。
　ボハティは、一部のアンモニクリヌスがこのような生態をとっていた背景には、腹足類（いわゆる巻貝の仲間）の隆盛があったとみている。腹足類はその見た目とは裏腹に（？）、なかなか強力な捕食者である。デボン紀中期当時、とくにドイツやポーランドでは腹足類が大繁栄していた。アンモニクリヌスの独特な姿勢は、繁栄する腹足類に対する彼らなりの防御策だったのかもしれない、とボハティはまとめている。

❶ **ロボバクトリテス**
Lobobactrites
殻はまっすぐ円錐形をしている。

❷ **キィルトバクトリテス**
Cyrtobactrites
弓なりになった殻をもつ。

❸ **コケニア**
Kokenia
殻の先端が内側に向かって巻き込んでいる。

❹ **メタバクトリテス**
Metabactrites
殻の巻きが、螺旋状になっている。

❺ **アネトセラス**
Anetoceras
殻の巻きの螺旋状化が進んでいる。

❻ **エルベノセラス**
Erbenoceras
殻の巻きの螺旋状化が進み、中心付近は密接している。

▲4-10
アンモナイト類の進化
デボン紀、アンモナイト類は急速に丸まっていった。丸まることで折れにくくなる（防御性能が高まる）等の利点があったとみられている。Klug and Korn (2004)を参考に制作。

丸くなったアンモナイト類

「アンモナイト」という古生物は、おそらく三葉虫と並ぶ知名度をもつことだろう。古生物に興味がない人でも、「アンモナイト」と聞けば「ああ、あれね」とイメージがわくはずだ（と信じたい）。

くるくるっと平面螺旋巻きの殻をもつ、その殻がカタツムリと似ている、と思う方もいるかもしれない。確かに両者はともに軟体動物である。しかし、さらに細かいグループで見ると、カタツムリは「腹足類」、アンモナイトはタコやイカと同じ「頭足類」に属する。

❼ ケッビテス
Chebbites
ほとんどの殻が密接しているが、殻口付近は離れている。

❽ タレンティセラス
Talenticeras
ほとんどの殻が密接しているが、殻口付近はわずかに離れている。

❾ ミマゴニアタイテス
Mimagoniatites
完全に殻が密接している。

❿ アゴニアタイテス
Agoniatites
完全に殻が密接し、巻きの回数も多い。

　学術的に正確な意味での「アンモナイト類」が登場するのは、ずっと先の時代である中生代になってからだ。しかしデボン紀にはすでに、アンモナイト類を含むことになる上位のグループ「アンモノイド類」がいた。アンモノイドとアンモナイト。語感も綴りも酷似しており、いささかややこしいので、一般的にはアンモノイド類も「アンモナイト類」とよぶことが多い。本書でも同様に、アンモノイド類のことを「アンモナイト類」とよぶことにする。
　頭足類が出現したとき、殻は円錐形でまっすぐにのびていた。そうしたまっすぐの殻が急速に丸まって、

▲4-11
アンモナイト類
アネトセラス
Anetoceras sp.

"進化途中"のアンモナイト。巻きがゆるいことで知られる。写真の化石はモロッコ産。長径約11cm。
(Photo：ふぉっしる)

　私たちのよく知るアンモナイト類が誕生したのが、デボン紀の前期〜中期である。[4-10] この進化の途中段階はよく知られており、たとえば、**キィルトバクトリテス**(*Cyrtobactrites*)というアンモナイト類は、まるで弓のようになる姿のもち主で「巻き」は確認できない。**コケニア**(*Kokenia*)は釣り針のような形状をしており、**アネトセラス**(*Anetoceras*)は殻が巻いているものの、巻きがゆるい。[4-11] **エルベノセラス**(*Erbenoceras*)は中心部こそ巻いているが、最外周の殻は巻きが"ほどけている"……と、このように、「巻きの進化」をデボン紀のアンモナイト類に見ることができる。

　スイスのチューリッヒ大学古生物学博物館のクリスティアン・クルッグと、ドイツのフンボルト博物館のディエター・コーンは、2004年にデボン紀のアンモナイト類の3次元モデルをつくって、その運動能力などを詳しく調べた研究を発表した。この研究によれば、進化が進み、巻きが締まってくるほどに、遊泳速度は向上す

るという。なお、クルッグは2001年にもデボン紀のアンモナイト類に関する研究を発表しており、少なくともある特定のグループのアンモナイト類は、成長にともなって浮遊性から遊泳性に生態を変えるということを指摘している。

ここでこの機会に、アンモナイト類と、オウムガイ類とのちがいについて触れておきたい。オウムガイ類は、現在でもたとえば水族館などで見ることができる頭足類で、一見するとアンモナイト類とよく似た姿をしている。両者の決定的なちがいは、殻をまっぷたつに割って、その中心を見るとわかる。

アンモナイト類もオウムガイ類も、殻の内部には仕切りで隔てられた「気室」とよばれる部屋が存在する。この気室は「連室細管」とよばれるチューブでつながっている。両者とも、連室細管を通じて気室内の液体量を調整することで浮力を調整するのだ（現代の潜水艦と同じ仕組みである）。アンモナイト類は、その中心に「初期室」とよばれる球状の空間が存在する。一方で、オウムガイ類には初期室がない。

両者とも成長するにつれて気室が増えていく。つまり初期室があるかどうかは、アンモナイト類とオウムガイ類の発生初期のちがいを物語るものとみられている。

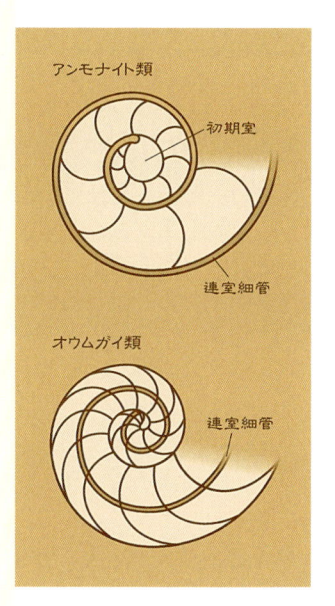

アンモナイト類とオウムガイ類の中心部分の断面構造。アンモナイト類には、巻きの中心に球形、あるいはラグビーボールのような形の「初期室」があるが、オウムガイ類にはそれがない。なお、連室細管の位置（外殻寄りか否か）や、隔壁の向き（内向きに曲がるか、外向きに曲がるか）も異なる傾向があるが、これらには例外も存在する（『アンモナイト学』などを参考に制作）。

"あだばな"を咲かせた三葉虫

古生代の海洋世界で、カンブリア紀以降必ず登場し、時代を象徴してきた動物が「三葉虫」だった。

カンブリア紀の海では姿かたちの似通った種が多かったが、オルドビス紀には、その多様性が急上昇し、機能美ともいえるような変化が見られた。しかし、オルドビス紀末期の大量絶滅事件で、種数および姿かたちの多様性は大幅に低下した。このダメージは、シルル紀の間も回復していない。

では、デボン紀の三葉虫はどうだったのか？

この時代、三葉虫は姿かたちの多様性が豊かになっていた。

デボン紀世界において、とくに目を引くのは、「ファコプス類」とよばれる三葉虫たちである。すべての三葉虫は昆虫と同じような複眼をもっているが、その多くは個々の眼をつくるレンズが小さいため、肉眼ではなかなか確認できない。しかし、デボン紀に繁栄したファコプス類の複眼は、個々のレンズが大きい。そのため、肉眼でもはっきりと確認することができる。もしも、ファコプス類の化石に触れる機会があったら、やさしくその眼に触れてみよう。文字どおり、肌でレンズの大きさを感じることができるはずだ。

ファコプス類の三葉虫をいくつか紹介しよう。

まず、最も基本的な種は「**ファコプス**(*Phacops*)」4-12 や「**エルドレジオプス**(*Eldredgeops*)」4-13 という属名をもつ三葉虫たちである。大きさ数cmという小さな種ではあるが、デボン紀のファコプス類の最大の特徴である複眼の大きなレンズがくっきりと確認できる。

この"基本形"から、複眼を縦にタワー状に積み重ねたのが**エルベノチレ**(*Erbenochile*)だ。4-14 ファコプスやエルドレジオプスと比較すると、エルベノチレの視界が上下方向に広かったのは一目瞭然である。しかも、この"複眼タワー"の最上部は少し外側に張り出している。2003年、イギリス自然史博物館のリチャード・フォーティと、カナダ、アルバータ大学のブライアン・チャタートンは、この"張り出し"が「庇(ひさし)」の役割を果たし、真上からの日光を防いでいた、という分析結果を発表した。

▼4-12
三葉虫類
ファコプス
Phacops
デボン紀三葉虫の定番ともいえる存在。複眼をつくる個々のレンズが大きい。標本長55mm。モロッコ産。
(Photo：オフィス ジオパレオント)

▲4-13

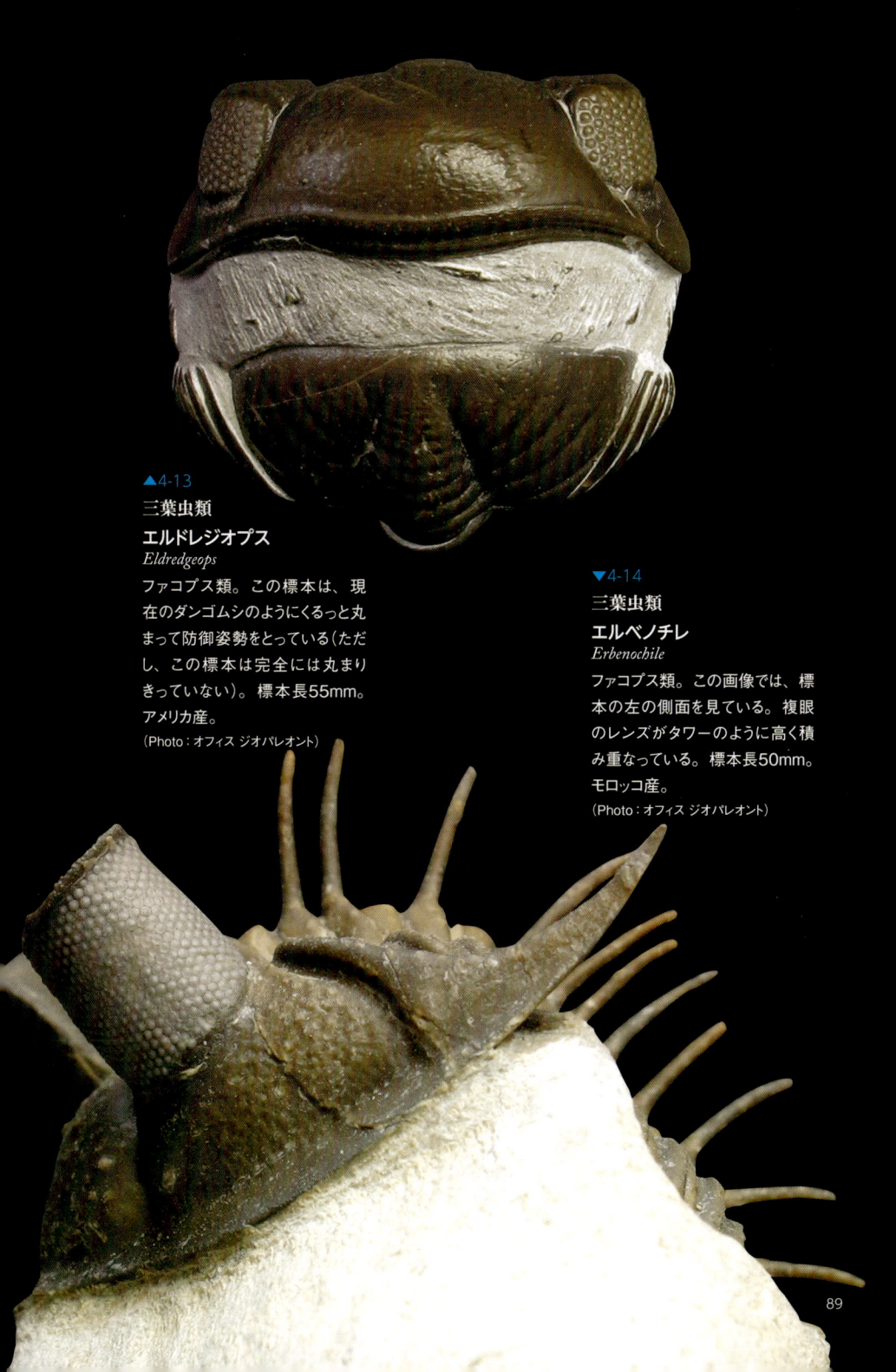

三葉虫類
エルドレジオプス
Eldredgeops

ファコプス類。この標本は、現在のダンゴムシのようにくるっと丸まって防御姿勢をとっている（ただし、この標本は完全には丸まりきっていない）。標本長55mm。アメリカ産。
（Photo：オフィス ジオパレオント）

▼4-14

三葉虫類
エルベノチレ
Erbenochile

ファコプス類。この画像では、標本の左の側面を見ている。複眼のレンズがタワーのように高く積み重なっている。標本長50mm。モロッコ産。
（Photo：オフィス ジオパレオント）

ファコプスなどの基本形の頭部の先端から、フォークのような構造を発達させたものもいる。**ワリセロプス**（*Walliserops*）だ。4-15　まるでカブトムシの角のようなこの構造は、まさにカブトムシ同様に"喧嘩"に使われた可能性が指摘されている。その一方で、同じワリセロプス属でも種によって「フォークの長さ」にちがいがあることが知られている。フォークの長さ以外はとてもよく似ているので、フォークの長さは、ひょっとしたら、性別のちがいを反映しているだけで、じつは同じ種なのではないか、という指摘もある。4-16

▲4-15
三葉虫類
ワリセロプス・トリファーカトゥス
Walliserops trifurcatus
ファコプス類。頭部の先端から長い三つ股のトゲがのびている。「ロングフォーク」の愛称でよばれることもある。標本長80mm。モロッコ産。
(Photo：オフィス ジオパレオント)

▼4-16
三葉虫類
ワリセロプス・トライデンス
Walliserops tridens

ファコプス類。ワリセロプス・トリファーカトゥスとは異なり、こちらのフォークは短い。愛称は「ショートフォーク」。標本長65mm。モロッコ産。
(Photo：オフィス ジオパレオント)

「フォーク」といえば、**クアドロプス**（Quadrops）も紹介しておきたい。4-17 頭部の先には、「先割れスプーン」のような、ちょっと変わった構造の"フォーク"をもち、また全身を大小のトゲで覆っていた。

ここで挙げた3属「エルベノチレ」、「ワリセロプス」、「クアドロプス」はいずれもファコプス類であり、レンズの大きな複眼をもっていた（もちろんここに挙げたのはほんの一例にすぎない）。

▼4-17
三葉虫類
クアドロプス
Quadrops

ファコプス類。頭部の先端には先割れスプーンのような構造があり、頭部と胸部の境付近の背中にはリボンのような構造がある。標本長95mm。モロッコ産。
(Photo：オフィス ジオパレオント)

ファコプス類以外で、デボン紀を象徴する三葉虫としては、**ディクラヌルス**（Dicranurus）がいる。4-18、4-19 クアドロプスのように全身から長いトゲがのび、頭部にまるで羊の角のような"ホーン"がある。このホーンの役割については確たる説がないが、ワリセロプスのフォークと同じように、なんらかの武器だったのではないか、という指摘もある。

▼4-18
三葉虫類
ディクラヌルス
Dicranurus
種小名は「*monstrosus*」。まさに「モンスターのような」三葉虫。頭部の"ホーン"が特徴的。標本長50mm。モロッコ産。
（Photo：オフィス ジオパレオント）

防御姿勢をとるディクラヌルス（前ページと同種別標本）。丸まると、その太いトゲは外に向かって大きく突き出すような構造になる。
（Photo：オフィス ジオパレオント）

▼4-19
三葉虫類
ディクラヌルス
Dicranurus
種小名は「*hamatus*」。アメリカ、オハイオ州産。モロッコ産の *D. monstrosus* とは同属別種。
（Photo：オフィス ジオパレオント）

ディクラヌルスとよく似た姿のもち主として**ケラトヌルス**（*Ceratonurus*）もいた。4-20　ケラトヌルスは一見するとディクラヌルスと同じように長いトゲとホーンをもつが、ケラトヌルスのホーンは細く、曲がりが弱い。また、長いトゲの一部は、上方に向かってのびて、その先が内側に向かって曲がるという特徴もある。頭部の縁に細かいトゲがまるでフリルのように並んでいたり、胸部のわきにも微細なトゲのついた突起が並んでいたりするなど、なかなか細部にこだわった三葉虫である。

▼4-20
三葉虫類
ケラトヌルス
Ceratonurus
ディクラヌルスとよく似た種だが、頭部の縁にフリルのような細かいトゲが並ぶなどのちがいがある。標本長55mm。モロッコ産。
（Photo：オフィス ジオパレオント）

▼4-21
三葉虫類
コネプルシア
Koneprusia
個々のトゲはけっして長くはないが、そのトゲで全身を武装している。そして、その多くが上方を向いていることが特徴。標本長30mm。モロッコ産。
(Photo：オフィス ジオパレオント)

もっと"コンパクト"にトゲがまとまった三葉虫もいた。たとえば、**コネプルシア**(*Koneprusia*)がそれだ。4-21 コネプルシアは、背の真上から見れば、長方形に近いシルエットをもつ。しかし、頭部からは3本の太くて鋭いトゲがのびているし、胸部の体軸線（中葉）には細いトゲが並び、胸部の両脇と尾部からは上に向かってトゲがのびる。しかも、ケラトヌルスと同じように、頭部の縁にはフリル状の微細なトゲ、胸部のわきにもトゲつき突起がある。

頭部の先端に愛らしいトゲをもつのは**キルトメトプス**（*Cyrtometopus*）である。4-22　この三葉虫は、頭部の先端にまるで牙のような1対2本の小さなトゲをもっていた。念のために書いておくと、三葉虫の口は頭部の底にあるので、この小さなトゲは牙ではない。キルトメトプスは、胸部と尾部の側面にもトゲが発達しており、とくに尾部から放射状にのびる3対6本のトゲは、"牙"と並んで本種を特徴づけている。

▼4-22
三葉虫類
キルトメトプス
Cyrtometopus
まるで牙のように1対の小さなトゲが頭部の先端にある（ただし、実際の「牙」ではない）。標本長50mm。モロッコ産。
（Photo：オフィス ジオパレオント）

平面的でありながらも、やはり長いトゲをもっていたのは、**アカンソピゲ**（*Acanthopyge*）だ。4-23 胸部からのびるトゲは、尾部に近くなるほど長くなり、また面積の広い独特な形状の尾部からも長いトゲがのびている。

こうした"トゲトゲ三葉虫"のなかでもきわめつけといえる種が**テラタスピス**（*Terataspis*）である。4-24 全身に大小のトゲが発達する一方で、頭鞍部に、まるで何かの果実のような球形の構造をもっていた。特筆すべきは体の大きさで、せいぜい大きくても10cm前後が"普通"という三葉虫界において、60cmもの巨体を誇る。

▼4-23
三葉虫類
アカンソピゲ
Acanthopyge

平面的ではあるが、長いトゲがのびている。また、広い尾部も特徴的。本標本は頭部を中心に多くの部分が補修されている。標本長55mm。モロッコ産。
（Photo：オフィス ジオパレオント）

▲4-24
三葉虫類
テラタスピス
Terataspis
標本長60cmにおよぶ巨大な三葉虫。「トゲあり三葉虫」のなかでは最大サイズである。ただし、この標本はレプリカで、これまでに発見されている部分化石から推測、復元されている。
（Photo：オフィス ジオパレオント）

「トゲ」とまではいかなくても、多数の「突起」が並ぶ独特の姿をもつのが、**アカンタルゲス**(*Akantharges*)だ。4-25 この三葉虫は、頭部と尾部の縁に、まるで西洋の城壁のような凸型の突起が規則正しく並んでいる。頭鞍部が、愛らしくぷっくり膨らんでいたり、分厚い尾部の側面に小さなトゲが並んでいることも特徴として挙げることができる。

もちろん"トゲトゲ三葉虫"ばかりではなく、**プロエタス**(*Proetus*) 4-26 などのトゲをもたない三葉虫も多くいた。数でいえばむしろ、トゲなしの方が多かったくらいである。

それでもやはり、装飾の豊かさこそが、デボン紀の

▼4-25
三葉虫類
アカンタルゲス
Akantharges
頭部と尾部の縁に、まるで西洋の城塞にあるような凸構造が並ぶ。また、厚みのある尾部の側面からは太くて短いトゲがのびる。標本長25mm。モロッコ産。
(Photo：オフィス ジオパレオント)

三葉虫を特徴づけていたといえるだろう。しかし、華やかさを誇った三葉虫たちも、デボン紀の末にはその大部分が絶滅することになる。こうして見ると、デボン紀の華やかな武装化は、まさに時代の"あだばな"のように見えるのだ。

　なぜ、デボン紀の三葉虫は武装化を進めたのか？

　顎をもつ魚たちの台頭をその理由に挙げる指摘もある。強力な顎をもち、体も大きくなった天敵に対し、三葉虫たちは武装化することで「俺たちに近づくとケガするぜ！」とアピールしていたのかもしれない（実際に有効だったのかは不明だが）。しかしこの見方に証拠はなく、三葉虫の武装化の理由はまだはっきりとわかっていない。

▼4-26
三葉虫類
プロエタス
Proetus
流線型の体をもつ、とくにトゲなどでは武装していない三葉虫。標本長25mm。モロッコ産。
（Photo：オフィス ジオパレオント）

デボン紀

5 | デボン紀後期の大量絶滅

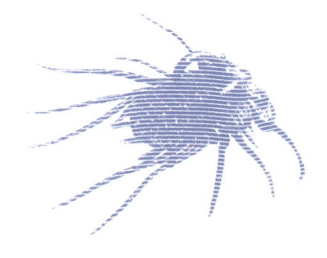

海だけの滅びか

　古生代以降の生命史には、「ビッグ・ファイブ」とよばれる5回の大量絶滅があった。その最初の1回は、今から約4億4300万年前のオルドビス紀末期に発生した。

　2回目の大量絶滅が発生したのが、デボン紀である。今から約3億7200万年前、デボン紀後期のことだ。ちなみに絶滅が起きたのがデボン紀「末」（約3億5900万年前）ではない理由は、デボン紀と次の時代の石炭紀の境界が、この大量絶滅によって定義づけられているわけではないからだ。デボン紀後期の大量絶滅は、より細かい時代名である「フラスニアン（Frasnian）」と「ファメニアン（Famennian）」の境界に当たるため、それぞれの頭文字を取って「F/F境界絶滅事変」ともよばれる。属のレベルで50%の動物が滅んだ大事件である。

　本章では、早稲田大学の平野弘道が著した『絶滅古生物学』（2006年刊行）を参考の中心としながら、F/F境界絶滅事変を追いかけていきたい。

　F/F境界絶滅事変に関しては、いまだ不明なことが多い。絶滅事変が発生していた期間も、50万年以下と見積もる研究者もいれば、1500万年と見積もる研究者もいるという。じつに30倍の差が開いている。

　先ほど、「属のレベルで50%が滅んだ」と書いた。このときに滅んだのは腕足動物、三葉虫、コノドントなどである。とくに古生代の海底で勢力をのばしてきた腕足動物は、属のレベルで86%が滅んだとされる。大打撃である。

　すでに節足動物などの無脊椎動物が上陸に成功していたにも関わらず、これまでに知られている限りのデータでは、絶滅の影響は海中世界だけにとどまっている。とくに海棲動物への影響が顕著だという。たとえ

ば、板皮類はF/F境界絶滅事変で、海水性の種の65%が姿を消している。しかし、淡水性で姿を消したものは23%にとどまるというのが、特徴の一つだ。この傾向は棘魚類でもみられるため、「F/F境界絶滅事変は、海だけのものだった」といわれることがある。

隕石が衝突したのか

F/F境界絶滅事変の原因は、率直にいえば、よくわかっていない。

F/F境界絶滅事変で大打撃を受けた動物グループの一つである腕足動物に注目すると、低緯度では91%の科が絶滅したのに対し、高緯度での絶滅は27%の科にとどまるという。こうした「低緯度ほど絶滅が著しい」という傾向はほかの動物グループでも見られる。

このデータを素直に考えれば、当時発生していたのは大規模な寒冷化ではないか、とみることができるかもしれない。低緯度の熱帯海域に暮らしていた種は、水温が下がったときに逃げ場がないからである（高緯度の種は低緯度に移動すれば、それまでと同じ水温の海域がある）。

しかし、なぜ寒冷化が発生したのかについては、だれもが納得する仮説が出ていない。

たとえば、隕石衝突こそが大量絶滅のきっかけではないか、という指摘もあるという。

隕石衝突を原因とする大量絶滅といえば、今から約6600万年前に起きた白亜紀末のものがよく知られている。このときに衝突した隕石の大きさは直径10kmとされ、この衝突によってできたクレーターは直径170kmにおよんだ。白亜紀末の大量絶滅事変では、衝突によって地殻表層が剥ぎ取られ、大量の粉塵が大気中に舞い、日光を遮ったことで気温が低下し、大量絶滅が引き起こされたとされる。

F/F境界絶滅事変でも同じことが起きたのだろうか？

じつはF/F境界絶滅事変の原因として隕石衝突が議論された時期は、白亜紀末の大量絶滅よりも10年早い。

1970年代から注目されていたのだ。実際、デボン紀のものとされるクレーターは、スウェーデン、カナダ、ロシア、アメリカなどで発見されている。

　しかしもっとも、これらのクレーターは最大のものでも直径50kmほどというから、白亜紀末のものと比べるとはるかに小さなものである。

　白亜紀末の隕石衝突については、証拠の一つとして挙げられるポイントに、「イリジウムの濃集」がある。イリジウムは地殻表層には本来希少な物質だが、白亜紀末にできた地層には濃集層があり、このことが地球外物質の衝突を顕著に特徴づけているのだ。

　デボン紀の絶滅でも同じようにイリジウムの調査がなされたが、これまでに研究者を満足させる結果は発見されていない。

　いまだ、F/F境界絶滅事変の原因は謎のままなのである。

F/F境界絶滅事変で何がおきたのか?

絶滅事変前のフランスニアン(Fr.)と事変後のファメニアン(Fa.)における主要な動物たちのようすをまとめたグラフ。なお、腕足動物と四放サンゴは、フランスニアンのときの数を100%としている。

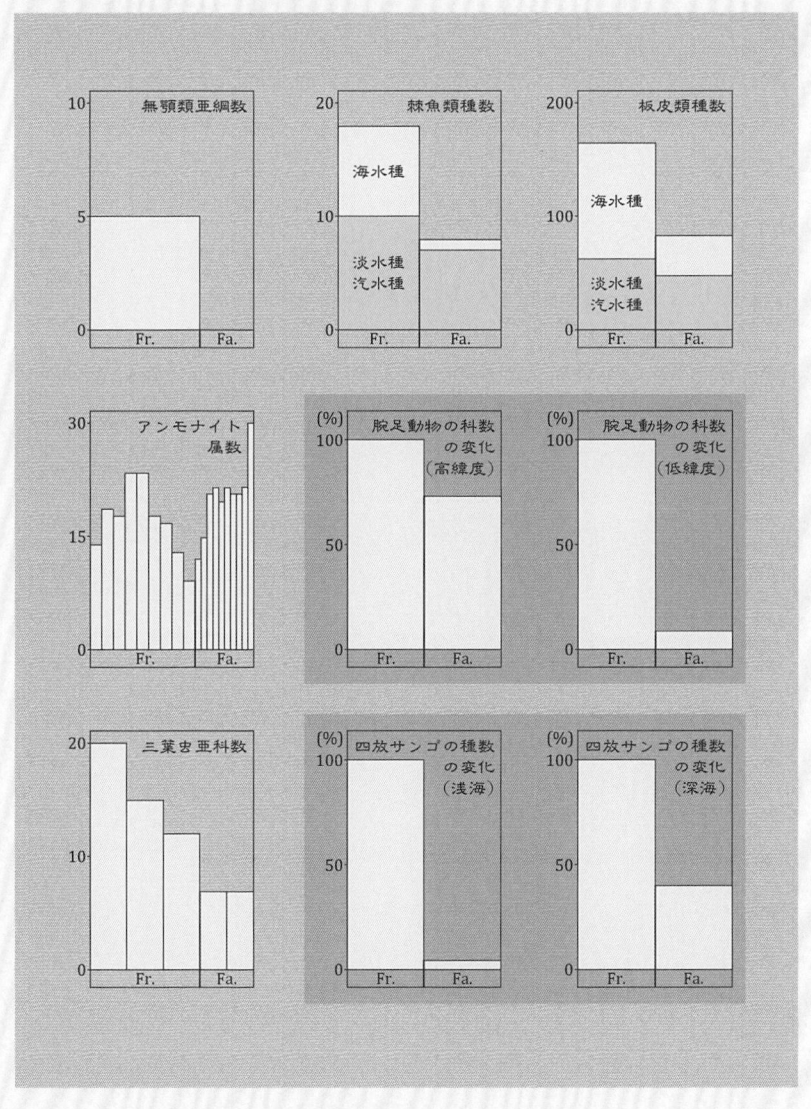

『The Late Devonian Mass Extinction』(1996年刊行)を参考に制作

6 | 脊椎動物の上陸作戦

陸上進出は2回あった！？

　デボン紀もいよいよ終盤となった。「満を持して」という言葉は、こういうときこそ使いどころだろう。F/F境界絶滅事変が終わり、満を持して、脊椎動物の上陸が始まったのである。魚類の繁栄とともに、デボン紀を飾る二つのハイライトの、残る一つの幕開けだ。
　……と勢いづいて話を進める前に、当時の情勢について簡単に触れておきたい。
　本書の第2章で触れたように、植物と節足動物の本格的な上陸は、デボン紀前期にはすでに行われていた。デボン紀中期には、温暖な気候を背景に植物は大きく成長し、樹高20mに達する巨木もあったとされる。
　つまり、すでに脊椎動物の上陸を待つ舞台は陸上に整っていたのだ。
　なのに、なぜ、脊椎動物の上陸はデボン紀末期まで遅れたのだろうか？　ライニーチャートが示す植物と節足動物の本格的な上陸から、明らかに陸上型といえる脊椎動物が出現するまでには、じつに約4000万年の開きが存在するのだ。
　もちろん、脊椎動物の体のしくみは節足動物ほど単純ではなく、陸上に適応するための"改造"にそれだけの時間が必要だったとみることもできるだろう。デボン紀初頭は、脊椎動物がようやく制海権を奪取できた時期であり、陸上進出まで"手が回らなかった"のかもしれない。
　アメリカ、ワシントン大学のピーター・D・ウォードは、2006年に刊行した著書『恐竜はなぜ鳥に進化したのか』（邦訳版の刊行は2008年）のなかで、大気中の酸素レベルとの関連を指摘している（ちなみに、邦題からはいわゆる「恐竜本」に見えるが、実際には大気と動物の相互進化に

ついての本である）。

　ウォードによれば、ライニーチャートが示す節足動物の本格的な上陸は、酸素濃度が高レベルな時期にあり（第2章参照）、「大気酸素レベルが上昇していなければ、節足動物の上陸はなかった」という。しかし、その後の酸素レベルの急低下によって、この第1波の動物たちはほとんど駆逐されてしまい、そののち、デボン紀末期に再び酸素濃度が上昇し始めたとき（それでもデボン紀初期の酸素レベルの半分にもおよばないが）、第2波の動物たちとして脊椎動物がやってきたというのである。

　つまり、動物たちの陸上への定着は、酸素濃度の変化に呼応した2回の進出によってなしとげられたのであり、脊椎動物の上陸は、第1波の節足動物の上陸とは関係なく、独立した侵攻だったというわけである。

発見された「最古の足跡」

　最古の四足動物の化石は、F/F境界絶滅事変後のデボン紀末期の地層から産出する。しかし、じつは四足動物の「足跡」は、より古いデボン紀中期の地層から確認されている。

　2010年に、ポーランド、ワルシャワ大学のグジェゴシ・ニージェヴィージューキーたちは、ポーランド南東部のホーリークロス山脈の北部地域で発見した多数の足跡化石を報告した。[6-1] その地層の年代は約3億9000万年前のもので、F/F境界絶滅事変後から確認される四足動物の化石よりも約1800万年古い。

　足跡化石にはいくつもの種類があり、なかには体を四足でしっかりと支え、体そのものは引きずっていないことがわかるものもあった。足跡は、大きなものでは幅が26cmにもおよぶという。このサイズは、F/F境界絶滅事変後に確認される四足動物の足のサイズを大幅に上回る。また、発見された足跡のなかには、指の痕跡がはっきりと確認できるものもあった。[6-2] これらの足跡から推察される足の構造については、F/F境界絶滅事

▶6-1
初期四足動物の足跡

ポーランドで発見された足跡化石。大きさや位置などから「前足」と「後ろ足」があり、また、画像下から上に向かって体をくねらせながら歩いたとみられている。左手前の足跡の長径が約3cm。
(Photo：Niedźwiedzki et al. 2010 (Nature 463, 43-48)、the authors)

変後の四足動物との類似性が指摘されている。

ニージェヴィージューキーたちが注目したのは、この四足動物の足跡化石が確認された地層そのものである。この地層は、潮間帯かラグーン（潟）でできたものだった。つまり、四足動物の誕生が、こうした場所で起きた可能性を示唆しているのである。

もっとも、この足跡化石はF/F境界絶滅事変後の化石記録との"ズレ"も含んでいる。

ズレは二つ。

一つは、「体化石」という視点で見たとき、四足動物の誕生との「時代のパラドックス」だ。体化石に関しては、最古の四足動物化石はもとより、四足動物に最も

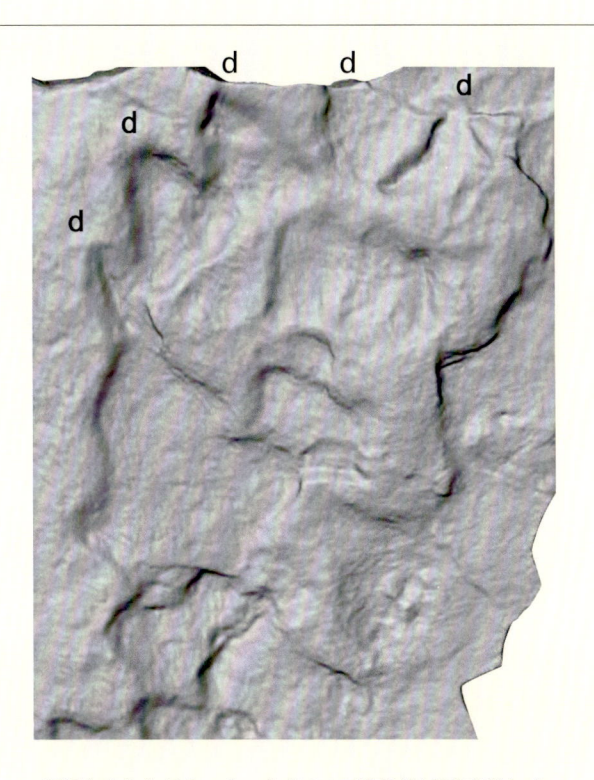

◀6-2
はっきりと残る指の痕跡
左ページの足跡化石と同じ場所で発見された別の足跡化石。レーザースキャンによって、コンピューター上に再構築されたもの。少なくとも5本の指の痕跡（dと示された場所）が見てとれる。一番左の指の長さが約4cm。
（Photo：Niedźwiedzki et al. 2010 (Nature 463, 43-48), the authors）

　近縁とみられるものも、多くはF/F境界絶滅事変後になって確認されている。つまり、ホーリークロス山脈の足跡化石は、体化石から推測される「魚類から四足動物への移行期」よりも前に、すでに四足動物が存在していたことを示しているのである。体化石がないのに、足跡があるのだ。

　もっとも、パラドックスは古生物の世界では珍しいものではない。そもそも生物が化石として残る確率はけっして高くない。そのため、化石記録はどうしても不完全なものとなる。

　二つめのズレは、四足動物の誕生場所である。F/F境界絶滅事変後に登場する四足動物は、淡水（たとえば、河川）から上陸を果たしたとみられている。ところが、ホーリークロス山脈の足跡化石の残された場所は、かつての潮間帯かラグーンである。

　こうしたズレは、デボン紀当時、さまざまな場所で、さまざまな動物たちによる上陸へのトライ＆エラーが行

橈骨

尺骨

上腕骨

▲▶6-3
**肉鰭類
サウリプテルス**
Sauripterus
アメリカのペンシルバニア州で発見された、サウリプテルスの化石。右胸びれおよび鎖骨である。胸びれの中に、いくつもの平たい骨と関節が確認できる。標本の長軸が約26cm。
(Photo：Marcus C. Davis)

われていたことを物語っているのだろう。事実、移行期の魚類と初期の四足動物には、おそらく長い共存期間があったのではないか、と指摘されている。それがやがて、陸上生活に適した真の四足動物の誕生につながるわけだ。

腕のある魚、「サウリプテルス」

　F/F境界絶滅事変後のデボン紀最末期、北アメリカの水中世界に**サウリプテルス**（*Sauripterus*）という肉鰭類が出現した。6-3

　サウリプテルスは全身像は不明ながらも、発見されている胸びれの化石を見ると、上腕骨があり、橈骨があり、尺骨が確認できる。これらの骨は、すべての陸上四足動物がもつものだ。魚類では、肉鰭類だけがもつ。ちなみに、いわゆる「二の腕」の骨に相当するの

上腕骨　尺骨

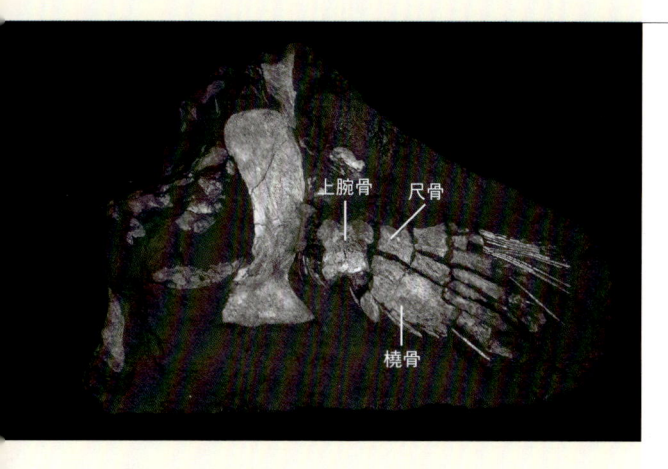

橈骨

左ページとは別の個体のサウリプテルスの化石。右の擬鎖骨と胸びれ。こちらも胸びれの中に関節が確認できる。母岩の長辺が約38cm。
(Photo：Marcus C. Davis)

が上腕骨、そして肘から手までの間にある2本の骨のうち、親指側を橈骨、小指側を尺骨という。サウリプテルスの上腕骨は、橈骨、尺骨と関節していた。つまりこの骨格には「肘」が存在するのだ。さらに、サウリプテルスには肩も存在した。肩と肘の関節には柔軟性があり、水中を進む際はもとより、川底を這うように進む際にも重要な役割を果たしたとみられている。

2004年にサウリプテルスの新種を報告し、その分析を行ったアメリカ、シカゴ大学のマークス・C・ディヴィスたちは、サウリプテルスの胸びれに確認される腕のような骨格構造は、のちの四足動物の腕の骨格構造とは別に、独立して進化したのではないか、と指摘している。つまり、両者には類似性が見られるが、系統的なつながりはない、というわけだ。

サウリプテルスの胸びれには、指のような構造さえ確認できる。このことからディヴィスたちは、四足動物の進化において、指のような構造は、少なくとも二度進化する機会があったという。同じ環境で過ごしていた動物たちに、同じような構造が平行して生まれていったのかもしれない。

魚雷型肉鰭類「ユーステノプテロン」とローマーの仮説

　四足動物への進化の出発点として、よく知られる肉鰭類がいる。カナダ東部のエスクミナック湾から発見され

▲▼▶6-4

肉鰭類
ユーステノプテロン
Eusthenopteron

サウリプテルスを別とすれば(本文参照)、陸上四足動物の"起点"にいるとみられている。体長1mほどで、魚雷型の体が特徴。上は、カナダのミグアシャ国立公園から産出した化石。
(Photo：Miguasha national park, Quebec, Canada)

たユーステノプテロン (*Eusthenopteron*)だ。6-4 ちなみに、エスクミナック湾のこの産地からは、ほかにも数多くの化石が発見されており、この地域は「ミグアシャ国立公園」としてユネスコの世界遺産に登録されている。

　ユーステノプテロンは、F/F境界絶滅事変の直前の時代に生息していた。体長は1mほどで、その姿は魚雷のように細長い。サウリプテルスよりも初期四足動物に近い存在とされ、サウリプテルスのように、胸びれの内部に上腕骨と橈骨、尺骨をもっていた。ただし、サウリプテ

ルスほどの指状の骨はもっていなかった。
　四足動物の初期進化については、イギリス、ケンブリッジ大学動物学博物館のジェニファ・クラックが著した『手足をもった魚たち』や『GAINING GROUND』が詳しい。こうした本のなかで、クラックはユーステノプテロンの特徴の一つとして、尾びれが上下対称で、脊柱が尾びれの端の近くまでまっすぐにのびていることを挙げている。

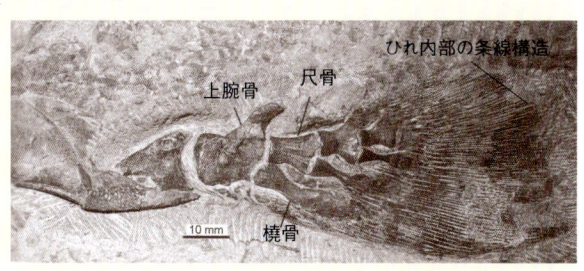

上の写真とは別個体のユーステノプテロンのひれの化石。腕を構成する各骨を確認することができる。黒いスケールバーは1cmに相当。
（Photo：Indiana University Press/the University Museum of Zoology, Cambridge）

じつは、これまでに本書で紹介してきた魚類のなかには、尾びれが上下対称のものはいなかった。まして尾びれの先端近くまでまっすぐに脊柱が続いているものもいない（続いていても、尾びれの中で曲がっていた）。
　四足動物が誕生すると、尾びれは消えて「尾」が誕生する。その脊柱は基本的に背から尾へとまっすぐのびる。つまり、胸びれだけではなく、尾にも四足動物誕生の片鱗が見え始めているのが、ユーステノプテロンなのである。
　ただし、のちに紹介する初期の四足動物と比較すると、吻部が短かったり、眼が小さく、しかもその位置が頭部の側面前方だったりと、決定的なちがいがある。これらはいずれも魚的な特徴だ。
　ユーステノプテロンのような肉鰭類から、なぜ、四足動物が生まれることになったのだろうか？
　四足動物への進化の片鱗は見え始めていたとして、四足動物誕生にはなんらかのきっかけがあったのではないか？　この疑問に関しては、20世紀に活躍したアメリカのアルフレッド・S・ローマーが提案した仮説がよく知られている。
　ローマーによれば、四肢の発達は水中から脱出するためではなく、「水中へ戻るために」なされたという。いささか逆説的に聞こえるが、その仮説の骨子は次のようなものだ。
　季節的に乾燥するような河川や湖沼に生息していた魚類は、水域が干上がってしまうときには、当然ながら河川や湖沼と運命をともにする。しかし、ユーステノプテロンのように、がっしりとした胸びれを発達させていれば、完全に干上がる前に別の水域に移動できた。つまり、四足に近い構造を発達させていたものほど、生存確率が上がったというわけだ。
　残念ながら、ローマーの仮説は21世紀の現在では否定されている。なぜ、否定されるようになったのか？
　それは項を改めて語っていくことにしよう。

▼6-5

肉鰭類
パンデリクチス
Panderichthys
体長1mほど。眼が頭部の背面に位置するなど、"上陸への準備"がユーステノプテロンよりも1歩進んだ。

平たい顔の「パンデリクチス」

　四足動物誕生へのシナリオは、ある程度順を追って語ることができるほどに、化石記録が豊富である。
　ユーステノプテロンの次のステップに位置づけられる動物化石が、ラトビアで発見された肉鰭類、**パンデリクチス**(*Panderichthys*)だ。6-5
　パンデリクチスは頭部だけでも30cm、体長で見ると1mをこすというなかなかの大きさである。頭部がやや扁平であることが、ユーステノプテロンとの大きなちがいである。魚雷のような姿をしているとはいえ、ユーステノプテロンはまだ"魚的な体"のもち主で、たとえば眼は頭部の側面に付いていた。これに対し、扁平化したパンデリクチスでは、眼は頭部の背面側に移動しているのである。また、ユーステノプテロンと比較すると、

▲6-6
パンデリクチスの胸びれ
CTスキャンによって明らかになったパンデリクチスの胸びれの構造。上腕骨（黄緑色）、尺骨（黄色）、橈骨（淡い青色）の先に指のような構造（茶色）を確認できる。
(Photo：Catherine A. Boisvert)

口先と眼との距離が長いという特徴が見られる。いずれも、のちの初期の四足動物とよく似た特徴だ。

スウェーデン、ウプサラ大学のキャサリン・A・ボイスバートたちは、パンデリクチスの胸びれをCTスキャンで調べ、2008年に報告している。[6-6] この報告では、ひれの内部に4本の"原始の指"が確認されている。この原始の指は、厳密にいえば、私たちがイメージする指とは異なり、関節はない。しかしこの研究によって、ひれの内部の骨が変化して、指が形成されていたことが示された（ただし、パンデリクチスにおいてこの指はあくまでもひれの内部構造の一つにすぎない）。

ユーステノプテロンの"進化の先"にパンデリクチスがいたとして、パンデリクチスが"失ったもの"がいくつもある。その代表は、背びれ、腹びれなどの「体軸上のひれ」だ。それまでの魚類のなかに見られた1枚だけのひれ（胸びれのように左右対になっていないひれ）は、尾びれをのぞいて消失した。

腕立て伏せする魚「ティクターリク」

パンデリクチスよりもさらに1歩、四足動物へ進んだ肉鰭類として、アメリカ、フィラデルフィア自然科学アカデミーのエドワード・B・ダシュラーたちが2006年に報告した**ティクターリク**（*Tiktaalik*）がいる。[6-7]

ティクターリクの化石は、北極点からわずか1600kmという、カナダのエルズミア島南部から発見された。パンデリクチスとよく似た扁平な頭部をもっているが、吻部はパンデリクチスよりも長く、眼は少し大きい。これまでに三つの標本が発見されており、体長は最大で2.7mに達したと推定されている。ティクターリクは太古の河川を生きていたとされ、その年代は約3億7500万年前をさすという。F/F境界絶滅事変の直前だ。

ちなみに、デボン紀当時の地図で見ると、パンデリクチスもティクターリクもローラシア大陸に生息していたことになる。ただし、パンデリクチスがローラシア大陸東部沿岸付近で暮らしていたことに対し、ティクターリ

クの生活圏は大陸北部に西から細長く食い込んだ湾奥となる。

ティクターリクに関しては、発見者の一人であるシカゴ大学のニール・シュービンが著した『ヒトのなかの魚、魚のなかのヒト』が詳しい。

▲▼6-7
肉鰭類
ティクターリク
Tiktaalik

体長は最大で2.7mになる。平たい頭部以外にも、首、肩、肘、手首など陸上四足動物との共通点が多い。「腕立て伏せができる」として有名。四足動物誕生の鍵を握る種として、注目される。

(Photo：Ted Daeschler/Academy of Natural Sciences of Drexel University/VIREO)

ここでは、同書を参考にしながら話を進めていこう。

ティクターリクは、前述のように平たい頭部をもっており、眼はワニのように頭頂部に近い位置にあった。発達した肋骨ももっていた。同時に、魚類と同じように背に鱗があり、ひれをもっていた。しかし、魚類とはちがって、ひれの内部には上腕と前腕、手首に相当する骨があり、関節も確認できる。肩、肘、手首をもつ魚なのである。

なお、パンデリクチスに見られた指のような構造は、ティクターリクでは確認できていない。さらに細かく見れば、頭骨や肩、上腕骨といった個々の骨には、魚類と両生類の両方の特徴があるという。

シュービンが自分の息子の保育園でこの化石の復元模型を見せたとき、保育園児の間で「ワニか、魚か」の論争が発生し、そして「両方かもしれない」という意見が出たという。シュービンにいわせれば、「ティクターリクのメッセージは、保育園児でさえ理解できるほど単純明快」なのだ。

ティクターリクのもつ大きな特徴の一つは、首があるということである。魚類は基本的に首をもたず、肩が直接頭部とくっついている。しかし、ティクターリクは首をもつ。このことは、頭部と肩がそれぞれ独立して

動かせることを意味している。

　ほかにも、シュービンたちがひれの内部にある各骨を詳しく調査したところ、ティクターリクが「腕立て伏せ」が可能だったことが明らかになった。つまり、肘は柔軟に曲がり、手首を曲げてひれの一部を掌として接地させることができたのだ。肩と腕の骨には、大きな胸筋が付いていたとみられる場所があった。

　シュービンによれば、この"腕立て伏せ機能"は、川や池の底や浅瀬、干潟の上をパタパタと動き回るのに役に立ったという。体をひれで力強く支えることができるというのは、半水半陸の場所で活動する際に大きな利点だったのである。

　2014年には、シュービンたちによってティクターリクの骨盤と後ろ足の骨が報告された。じつは2006年の段階では、ティクターリクの後半身は未発見だった。

　2014年の報告は、四足動物の進化史におけるティクターリクの重要性をさらに高めるものとなった。それというのも発見された骨盤は、肩甲骨を上回る大きなものだったのだ。骨盤は、陸上動物にとっては体を支える基点となる大事な骨だ。ちなみに、魚類は基本的に骨盤をもたないし、四足動物の進化史のスタートにいたユーステノプテロンは骨盤をもつものの、そのサイズは

▼6-8
P.117の標本と同じ個体だが、2014年の報告によって、実はこの標本に「骨盤」と「後ろ足」があることが明らかになった。
（Photo：Ted Daeschler/Academy of Natural Sciences of Drexel University）

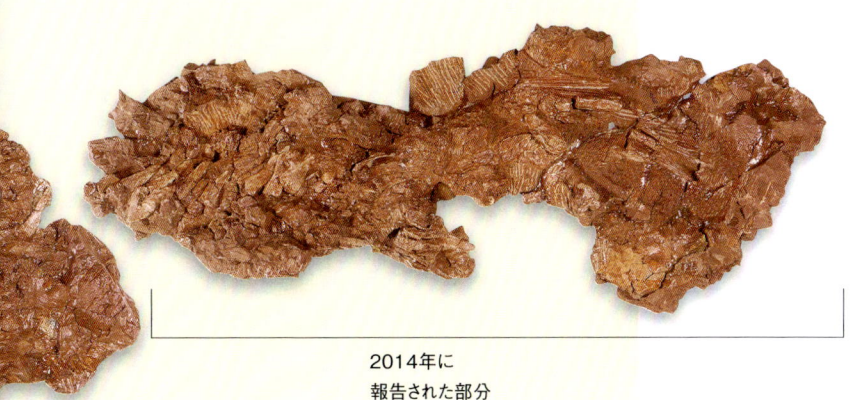

2014年に
報告された部分

ちょこんとあるだけという小さなものである。もっとも、ティクターリクの骨盤は原始的なもので、のちの陸上動物のものほど複雑な構造はしていない。

一方で、「後ろ足の骨」である。これは、「後ろひれの中」に確認された。ティクターリクは、前ひれと同じくらいの大きさの後ろひれをもち、その中に橈骨（足の骨）をもっていたのである。[6-8] なお、この標本は不完全で、ほかの足の骨（たとえば、大腿骨）をティクターリクがもっていたか否かは定かではない。

シュービンは、シカゴ大学のプレスリリースで「ティクターリクは、後ろひれをパドルのように動かして泳いでいたことだろう」と話している。腕立て伏せのできる前ひれとあわせ、この後ろひれも浅瀬などにおける移動に役立ったことだろう。

首、前ひれの中の関節、骨盤、後ろひれの中の足など、ティクターリクの内部には、四足動物誕生の息吹をたしかに感じることができるのである。

8本指の「アカントステガ」

いよいよ四足動物の登場だ。F/F境界絶滅事変後のデボン紀最末期になって、史上初の両生類**アカントステガ**（*Acanthostega*）が登場したのである。[6-9]

アカントステガの化石は、1952年にグリーンランド東部から発見された。しかし、その標本は不完全で、長い間、研究の主要な対象とはならなかった。1987年になって、クラックたちによる再調査が行われ、良質の標本が新たに発見された。その結果、アカントステガは四足動物の進化において重要な位置を占める種として、脚光を浴びることになったのである。

アカントステガの詳細な記述に関しても、クラックの『手足をもった魚たち』や『GAINING GROUND』が詳しい。

体長60cmほどのこの動物は、明らかに四肢とわかる構造をもっていた。しかしその四肢は、私たちが想像する手足とは少し構造が異なっている。とくに前肢にお

頭骨

▲6-9
両生類
アカントステガ
Acanthostega

最初期の四足動物である。画像は、最も完全なアカントステガ標本で、頭骨の大きさは12cmほど。
(Photo：Indiana University Press/ the Natural History Museum, Copenhagen)

いては、橈骨の長さが尺骨の2倍近くあり、非常にアンバランスなつくりになっている。関節部分は細く華奢であり、陸上で体を支えて動き回ることにはあまり向いていない。ちなみに前肢の足の指は8本確認されている。後肢については、8本という見方もあるが、骨が小さいためにどうも6〜8本の間で不明瞭である。また、現生のオーストラリアハイギョ（▶P.70）のものとよく似た鰓骨をもっており、このことは空気呼吸も水中呼吸も可能だったことを意味している。尾にも肺魚類とよく似たひれが発達していた。

　総じて、アカントステガは水中生活に適応していたと判断されている。実際、その化石が発見された地層が

アカントステガの復元図
アカントステガの発見によって、四肢は水中で発達、誕生したことが明らかになった。

　調べられた結果、アカントステガが生きていた場所は、熱帯の流れの速い川の底だったことがわかっている。クラックは証拠はないとしながらも、川岸に巨木が茂るような環境だったかもしれないと著書で述べている。
　アカントステガは水中種だった。
　このことは、四足動物の進化において大きな意味をもっている。四肢は、陸上ではなく水中で獲得されたということである。ローマーの仮説が語るような、陸上を動き回るものとしてではなく、水中で落ち葉をかき分けたり、ひれのように動かすものとして四肢が生まれたということを、アカントステガは物語っているのだ。四肢はのちに、それらの行動の延長線上のものとして、陸上での移動手段として発達していったというわけだ。
　なお、一つの可能性として、「アカントステガは、二次的に水中に"帰った"のではないか？」という指摘もあるかもしれない。よく知られるように、現生のクジラ類の祖先は、かつて陸上を歩行していた。同じように、アカントステガ以前に未発見の陸上種がいて、そこで四肢が生まれ、その姿を引きずってアカントステガは水中に戻ったのではないか、という指摘である。もしもそのような進化があったとすれば、ローマーの仮説は否定されない。
　しかしクラックは、この指摘に対する答えをいくつか用意している。その代表的なものとして、前述の橈骨

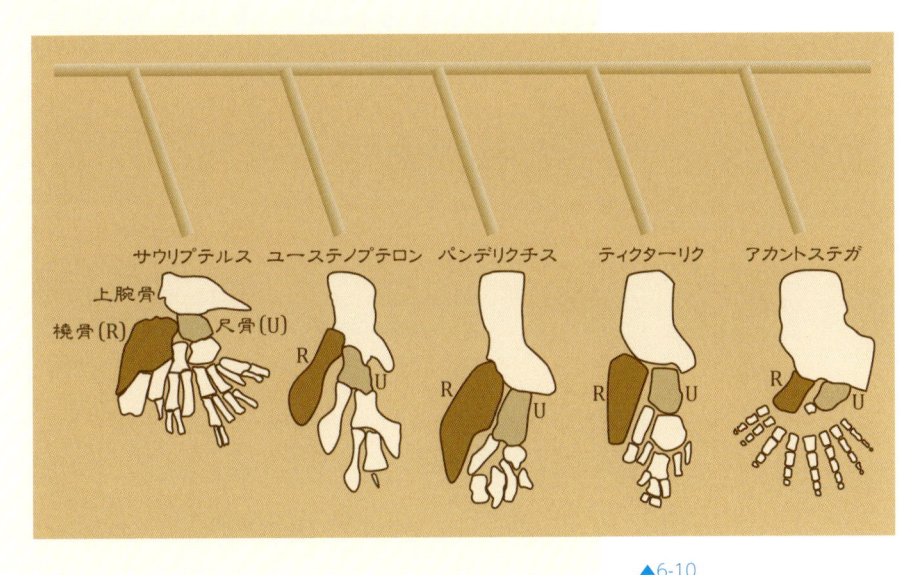

▲6-10
手はどのようにつくられてきたか

サウリプテルス以降、本書に登場した動物たちの手の骨を並べてみた。Boivert et al., (2008) や Davis et al., (2004) などを参考に制作。

と尺骨の比率がある。この比率は、陸上種のどれとも類似しないが、その一方でユーステノプテロンによく似るのである。つまり、アカントステガは二次的に水中種となったのではなく、最初から水中種だったというわけだ。

アカントステガの直前に位置づけられている肉鰭類のティクターリクと比較すると、アカントステガの体には、のちの陸上種へ向けた変化がいくつも確認できる。後ろ脚の骨では腓骨と脛骨が発達し、大腿骨も太くなった。骨盤も大きく発達した。6-10

一方で、頭骨を構成していた骨は数を減らし、また背中側に残っていた鱗も姿を消した。

そして「イクチオステガ」

アカントステガとほぼ同時代、そしてほぼ同じ場所から化石が発見されている四足動物がいる。それが**イクチオステガ**(*Ichthyostega*)だ。6-11 1932年に最初の化石が発見されて以来、80点をこえる標本が採集されている。体長は1mほどで、アカントステガより大きい。

イクチオステガは、平たく大きな頭部、長い尾、体

▲6-11
両生類
イクチオステガ
Ichthyostega

歴史上最初の「陸上」四足動物とみられている。画像は化石標本で、標本長は20cmほど。眼窩のあたりから先の骨は失われている。

(Photo：Indiana University Press/the Natural History Museum, Copenhagen)

の割に大きな肩、そしてがっしりとした四肢をもっていた。前肢の手は発見されていないので不明だが、後肢の足には7本の指があったことがわかっている。アカントステガの8本の指といい、初期の四足動物は指の本数がなかなか"自由"だったようだ。

特徴的なのは肋骨だ。イクチオステガは、長く太い肋骨をもっており、しかもそれらが密接に重なっていた。そのため、とくに魚類のような左右方向への動きが制限され、体をくねらせることはかなり難しかったとみられている。すなわち、水中生活者が行うような動きは、この動物にとって難題だったのだ。クラックは著

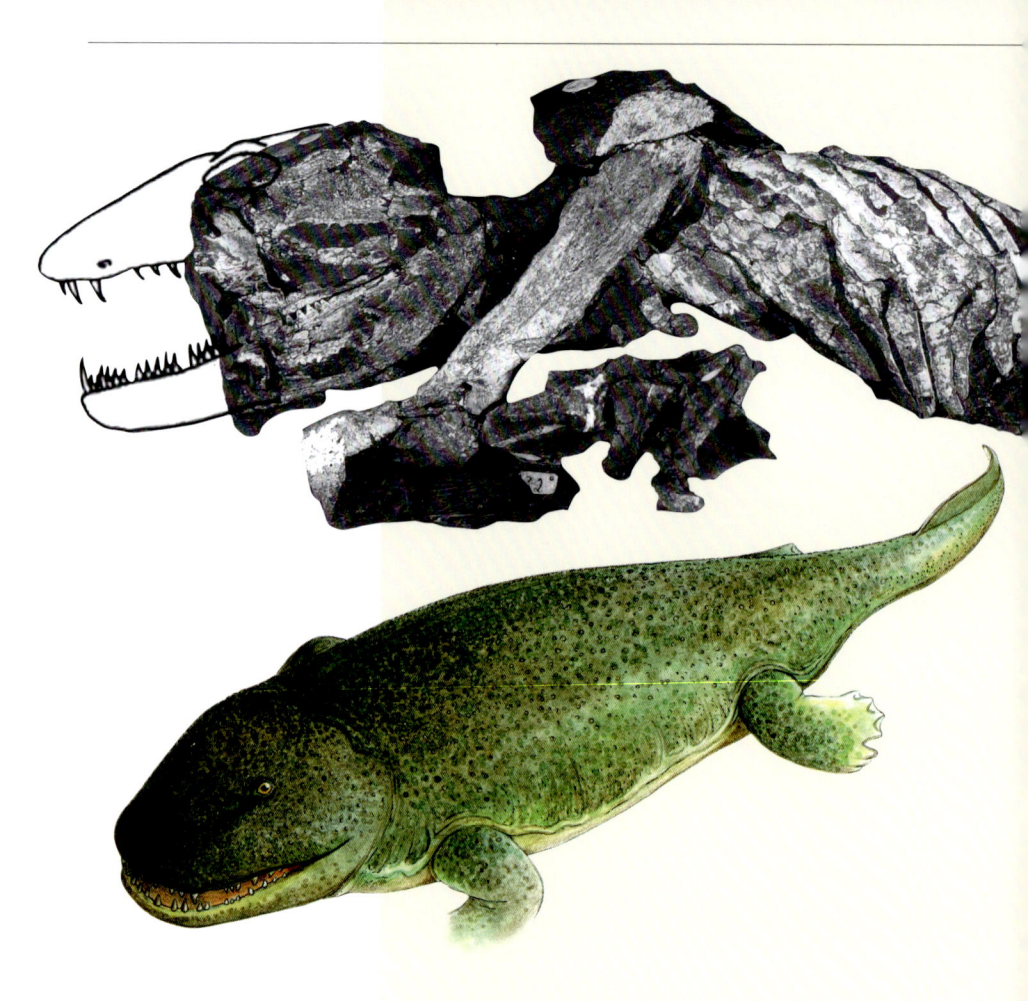

◀6-12
ピアースたちによって構築されたイクチオステガの3Dモデル。このモデルを使った解析によって、イクチオステガは現生のムツゴロウのような動きをしていたことが示された。くわしくは次ページ本文を参照されたい。
(Photo: Stephanie E. Pierce)

書のなかで、この頑丈な肋骨は体を支えるのに役立っていたのではないか、と指摘している。陸上生活において、重力に抗して内臓を保護するという役目をもっていたのかもしれない。
　こうした点から、イクチオステガは陸上生活が可能と

なった"最初の動物"に位置づけられることが多い。ただし、四六時中陸上にいたかどうかについてはまだ見解が定まっていない。魚類のようにひれの付いた尾をもっていたことから、水中で生活することもあったのではないかと議論の最中にある。なお、産出した地層の解析による環境復元も難航しており、河川でできた地層から化石が産出するものの、その場所で死んだものなのか（水中種なのか）、どこかで死んだものが洪水などで運ばれてきたものなのか（陸上種なのか）がはっきりしていない。

2012年には、イギリスのロンドン王立獣医学カレッジのステファニー・E・ピアースたちが、イクチオステガの3Dモデルを作成し、その動きを再現した研究を発表している。6-12

この研究では、イクチオステガの前肢は、その後の陸上四足動物に見られるような動きがとれないことが示された。より具体的にいえば、ムツゴロウのように、前後に漕ぐことしかできなかったという。そして、後肢は接地さえしていなかったと指摘されている。なお、こうした「ムツゴロウのような動き」に関しては、ほかの研究でも指摘されている。つまり、イクチオステガは、陸上生活は可能だったものの、「歩き回る」ようなことはできなかったようだ。

アカントステガかイクチオステガか

F/F境界絶滅事変後に出現した2種類の四足動物、アカントステガとイクチオステガは、控えめにいっても、たがいに似ていない。似ていない四足動物が同時期に存在したことは、当時すでに四足動物の多様化が始まっていたことを意味している。

ここで問題となってくるのは、アカントステガのような「細身のタイプ」と、イクチオステガのような「がっしりとしたタイプ」のどちらが、四足動物の進化における主流にいたのか、ということである。

そこで注目されるのが、ラトヴィアのデボン紀最末期

の地層から発見された両生類、**ヴェンタステガ**(Ventastega)だ。6-13 スウェーデン、ウプサラ大学のペール・E・アールベリたちは、2008年にヴェンタステガの化石の詳細な研究結果を報告している。

アールベリたちの研究によれば、ヴェンタステガはティクターリクとアカントステガの中間に位置する動物であるという。全身化石は発見されておらず、そのためにアカントステガのような全身の復元は困難であるものの、発見されている頭骨などの特徴からは両生類、つまり四足動物であるとみられている。……と、いうことは、ヴェンタステガこそが四足動物として最も原始的な存在ということになる。ちなみに、頭骨などから推測される体長は1mほどになる。

ポイントは、四足動物として原始的な存在であるヴェンタステガには、アカントステガと共通する特徴がいくつも確認できるものの、同時代の四足動物であるイクチオステガとの共通点がまったくないということだ(原始的な特徴をのぞく)。もしも、この説が正しければ、四足動物の進化史において、アカントステガが進化の流れに乗り、イクチオステガはその潮流には乗らなかったことになる。

◀▼6-13
両生類
ヴェンタステガ
Ventastega
ラトヴィアから発見された化石。上は頭蓋骨(左は頭頂方向、右は側面方向から撮影されたもの)で、下は下顎骨。いずれも等縮尺で下顎骨の標本長が約23cm。頭蓋骨には眼窩が、下顎骨には鉤状の牙が確認できる。全身像は不明ながらも、ティクターリクとアカントステガの中間に位置づけられた。
(Photo:Ahlberg et al. 2008 (Nature 453, 1199-1204), the authors)

頭蓋骨
眼窩
下顎骨
(横から見たようす)

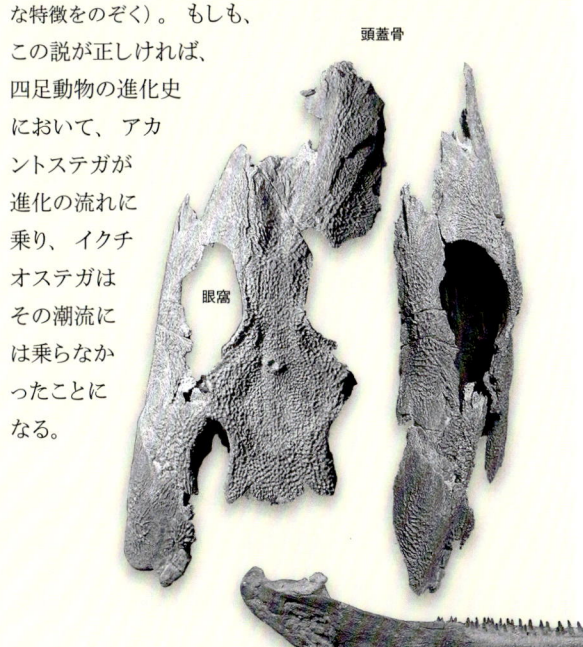

エピローグ

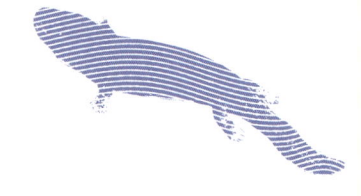

革命はあっというま

　かくして、脊椎動物は上陸に成功した。これにともなう体の変化は、脊椎動物の歴史のなかでも「革命」とよべるほどの大変革である。

　大変革ではあるが、革命にかかった時間はさほど長くない。デボン紀中期に確認された足跡の化石を別とすれば、陸上動物への進化は今から約3億7200万年前のF/F境界絶滅事変の前後に集中している。

　時代的に最初に出現するユーステノプテロンの登場から、アカントステガやイクチオステガが登場するまでの時間は、1000万年に満たない。人類の歴史から考えると気が遠くなるような時間だが、生命の歴史というタイムスケールの中では「あっというま」である。しかも、アカントステガやイクチオステガが登場したときには、すでに初期の四足動物における多様化が始まっていたのである。

ところで、ゴンドワナでは？

　第6章に登場したさまざまな脊椎動物は、デボン紀当時の大陸配置でいえば、すべてローレンシア大陸とその周辺域に生息していた。

　では、南半球に存在していたゴンドワナ超大陸では、上陸作戦は展開されなかったのだろうか？

　つい最近まで、ゴンドワナ超大陸で確認される最初の陸上動物は、古生代末のものだった。しかし2013年に、南アフリカのウィットウォーターズランド大学のロバート・W・ゲスが、デボン紀最末期の地層から明らかにサソリのものとわかるハサミや針の化石を発見し、論文を発表した。

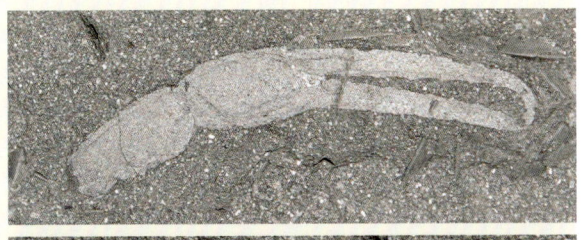

サソリ類
ゴンドワナスコルピオ
Gondwanascorpio
南アフリカから発見されたサソリ類の化石。ゴンドワナ大陸の陸上動物としては最古のものとなる。上段はサソリのハサミであり、下段はサソリの尾の先端部分。ハサミの大きさは25mm。
(Photo：Robert Gess)

　学名を「**ゴンドワナスコルピオ・エンザンシエンシス**（*Gondwanascorpio emzantsiensis*）」と名付けられたこの化石は、ハサミの標本長が数cmという小さなものである。しかし、陸上種のものとみられることから、これまでのゴンドワナ超大陸における陸上動物の歴史を9000万年以上早めることになった。しかも、現生サソリ類は緯度50度よりも低緯度地域にしか生息しないことに対し、ゴンドワナスコルピオは当時の大陸配置で南緯80度以上というきわめて高緯度に生息していたという格別な情報のおまけつきである。

　デボン紀は古生代における生命史のハイライトの一つである。
　海洋生態系の"主役の座"が、無脊椎動物から脊椎動物へと移り変わり、その後、きわめて短時間で脊椎動物は生活圏をローラシア大陸の陸上へと進めた。その一方で、無脊椎動物はゴンドワナ超大陸の陸上への侵攻を始めたようである。
　次巻では、大森林が築かれた石炭紀、そして古生代最後の時代であるペルム紀に注目していく。

本書を執筆するにあたり、とくに参考にした主要な文献は次の通り。なお、邦訳があるものに関しては、一般に入手しやすい邦訳版を挙げた。また、webサイトに関しては、専門の研究機関もしくは研究者、それに類する組織・個人が運営しているものを参考とした。Webサイトの情報は、あくまでも執筆時点での参考情報であることに注意。

※本書に登場する年代値は、とくに断りのない限り、
　International Commission on Stratigraphy, 2012, INTERNATIONAL STRATIGRAPHIC CHARTを使用している

【第1章】
《一般書籍》
『古生代の魚類』著：J. A. モイートマス, R. S. マイルズ, 1981年刊行, 恒星社厚生閣
『生命と地球の進化アトラス2』著：ドゥーガル・ディクソン, 2003年刊行, 朝倉書店
『世界の化石遺産』著：P. A. セルデン, J. R. ナッズ, 2009年刊行, 朝倉書店
『理科年表 平成26年』編：国立天文台, 2013年刊行, 丸善書店
『FOSSIL CRINOIDS』著：H. Hess, W. I. Ausich, C. E. Brett, M. J. Simms, 1999年刊行, Cambridge University Press
『The fossils of the Hunsrück Slate』著：Christoph Bartels, Derek E. G. Briggs, Günther Brassel, 1998年刊行, Cambridge University Press

《学術論文など》
Gabriele Kühl, Derek E. G. Briggs, Jes Rust, 2009, A great-appendage arthropod with a radial mouth from the Lower Devonian Hunsrück Slate, Germany, Science, vol.323, p771-773
Gabriele Kühl, Jan Bergström, Jes Rust, 2008, Morphology, Paleobiology and Phylogenetic Position of *Vachonisia rogeri* (Arthropoda) from the Lower Devonian Hunsrück Slate (Germany), Palaeontographica Abteilung A Band 286 Lieferung 4-6 p123-157, Abstract
Gabriele Kühl, Jes Rust, 2010, Re-investigation of *Mimetaster hexagonalis*: a marrellomorph, arthropod from the Lower Devonian Hunsrück Slate (Germany), Paläontol Z, vol. 84, p397–411
M. M. Joachimski, S. Breisig, W. Buggisch, J. A. Talent, R. Mawson, M. Gereke, J. R. Morrow, J. Day, K. Weddige, 2009, Devonian climate and reef evolution: Insights from oxygen isotopes in apatite, Earth and Planetary Science Letters, vol.284, p599-609
Owen E. Sutcliffe, Wouter H. Südkamp, Richard P. Jeffries, 2000, Ichnological evidence on the behaviour of mitrates: two trails associated with the Devonian mitrate *Rhenocystis*, Lethaia, vol. 33, p1-12
Štěpán Rak, Javier Ortega-Hernández, David A. Legg, 2012, A revision of the Late Ordovician marrellomorph arthropod *Furca bohemica* from Czech Republic, Acta Palaeontologica Polonica, vol.57, no.3, 615-628
Wouter H. Südkamp, 2011, Addendum to the type material of the asteroid *Helianthaster rhenanus* F. Roemer, 1862 (Hunsrück Slate, Lower Devonian, Germany), Paläontol Z, vol. 85, p351–354

【第2章】
《一般書籍》
『恐竜はなぜ鳥に進化したのか』著：ピーター・D・ウォード, 2008年刊行, 文藝春秋
『世界の化石遺産』著：P. A. セルデン, J. R. ナッズ, 2009年刊行, 朝倉書店
『節足動物の多様性と系統』監修：岩槻邦男・馬渡峻輔, 編集：石川良輔, 2008年刊行, 裳華房
『大気の進化46億年 O_2とCO_2』著：田近英一, 2011年刊行, 技術評論社
『理科年表 平成26年』編：国立天文台, 2013年刊行, 丸善書店
『Newton別冊 生命史35億年の大事件ファイル』2010年刊行, ニュートンプレス

《WEBサイト》
The Biota of Early Terrestrial Ecosystems: The Rhynie Chert Learning Resource Site.
　http://www.abdn.ac.uk/rhynie/intro.htm

《学術論文》
Michael S. Engel, David A. Grimaldi, 2004, New light shed on the oldest insect, nature, vol.427, p627-630
Nigel H. Trewin, 2003, History of research on the geology and palaeontology of the Rhynie area, Aberdeenshire, Scotland, Transactions of the Royal Society of Edinburgh: Earth Sciences, vol.94, p285-297
Robert A. Berner, 2006, GEOCARBSULF: A combined model for Phanerozoic atmospheric O_2 and CO_2, Geochimica et Cosmochimica Acta, vol.70, p5653–5664

【第3章】
《一般書籍》
『簡明 歯の解剖学』編著：三好作一郎，著：後藤仁敏，小林 寛，武田正子，花村 肇，1996年刊行，医歯薬出版
『古生代の魚類』著：J. A. モイトーマス，R. S. マイルズ，1981年刊行，恒星社厚生閣
『小学館の図鑑 NEO 魚』監修：井田 齊，松浦啓一，2003年刊行，小学館
『シーラカンス』著：籔本美孝，2008年刊行，東海大学出版会
『新版 古生物学3』編：鹿間時夫，1975年，朝倉書店
『脊椎動物の進化 原著第5版』著：エドウィン・H・コルバート，マイケル・モラレス，イーライ・C・ミンコフ，2004年刊行，築地書館
『歯の比較解剖学』編：後藤仁敏，大泰司紀之，著：石山巳喜夫，伊藤徹魯，犬塚則久，大泰司紀之，後藤仁敏，駒田格知，笹川一郎，佐藤 巖，茂原信生，瀬戸口烈司，花村 肇，前田喜四雄，1986年刊行，医歯薬出版
『Newton別冊 恐竜・古生物ILLUSTRATED』2010年刊行，ニュートンプレス
『Biology of Sharks and Their Relatives second Edition』編：Jeffrey C. Carrier, John A. Musick, Michael T. Heithaus，2012年刊行，CRC Press
『The Rise of Fishes』著：John A. Long,2011年刊行,The Johns Hopkins University Press
『Vertebrate Palaeontology THERD EDITION』著：Michael J. Benton,2005年刊行,Blackwell

《WEBサイト》
360-million-year-old fossil fish, March 2002, Science in Africa.
　http://www.scienceinafrica.co.za/2002/march/fish.htm
WAYNE HERBERT QUARRY, WAYNE HERBERT QUARRY (GCR ID: 1727)
　http://jncc.defra.gov.uk/pdf/gcrdb/GCRsiteaccount1727.pdf

《学術論文など》
John A. Long, Kate Trinajstic, Gavin C. Young, Tim Senden, 2008, Live birth in the Devonian period, nature, vol.453, p650-652
K. T. Bates, P. L. Falkingham, 2012, Estimating maximum bite performance in *Tyrannosaurus rex*, using multi-body dynamics, Biol. Lett., doi: 10.1098/rsbl.2012.0056
Kate Trinajstic, Sophie Sanchez, Vincent Dupret, Paul Tafforeau, John Long, Gavin Young, Tim Senden, Catherine Boisvert, Nicola Power, Per Erik Ahlberg, 2013, Fossil Musculature of the Most Primitive Jawed Vertebrates, Science, vol.341, no.6142, p160-164
Isabelle Béchard, Félix Arsenault, Richard Cloutier, Johanne Kerr, 2014, The Devonian placoderm fish Bothriolepis canadensis revisited with three-dimensional digital imagery, Palaeontologia Electronica Vol. 17, Issue 1; 2A; 19p
L. Capasso, F. Bacchia, N. Rabottni, B. M. Rothshild, R. Mariani-Costantini, 1996, Fossil evidence of interspecific aggressive behavior of Devonian giant fishes (Arthrodira, Dinichtyidae), Journal of Paleopathology, vol.8, no.3, p153-160
Martin D. Brazeau, 2009, The braincase and jaws of a Devonian 'acanthodian' and modern gnathostome origins, nature, vol.457, p305-308
Matt Friedman, Michael I Coates, 2006, A newly recognized fossil coelacanth highlights the early morphological diversification of the clade, Proc. R. Soc. B, vol.273, p245-250
Min Zhu, Xiaobo Yu, Jing Lu, Tuo Qiao, Wenjin Zhao, Liantao Jia, 2012, Earliest known coelacanth skull extends the range of anatomically modern coelacanths to the Early Devonian, Nature Communications 3, Article number: 772
Min Zhu, Xiaobo Yu, Per Erik Ahlberg, Brian Choo, Jing Lu, Tuo Qiao, Qingming Qu, Wenjin Zhao, Liantao Jia, Henning Blom, You'an Zhu, 2013, A Silurian placoderm with osteichthyan-like marginal jaw bones, nature, vol.502, p188-193
Miriam Reichel, 2010, A model for the bite mechanics in the herbivorous dinosaur *Stegosaurus* (Ornithischia, Stegosauridae), Swiss J Geosci, vol.103, p235-240
Philippe Janvier, Sylvain Desbiens, Jason A. Willett, 2007, New evidence for the controversial "lungs" of the Late Devonian antiarch *Bothriolepis canadensis* (Whiteaves, 1880) (Placodermi: Antiarcha), Journal of Vertebrate Paleontology, vol.27, no.3, p709-710
Philip S. L Anderson, Mark W Westneat, 2007, Feeding mechanics and bite force modelling of the skull of *Dunkleosteus terrelli*, an ancient apex predator, Biol. Lett. vol.3, p76-79
Randall F. Miller, Richard Cloutier, Susan Turner, 2003, The oldest articulated chondrichthyan from the Early Devonian period, vol.425, p501-504
Robert S. Sansom, 2009, Phylogeny, classification and character polarity of the Osteostraci (Vertebrata), Journal of Systematic Palaeontology, 7:1, p95-115
Robert W. Gess,2001,A new species of *Diplacanthus* from the Late Devonian (Famennian) of South Africa, Ann. Paléontol. vol.87, no.1, p49-60
Sergey Moloshikov, 2004, Crested antiarch *Bothriolepis zadonica* H.D. Obrucheva from the Lower Famennian of Central European Russia, Acta Palaeontologica Polonica, vol.49, no.1, p135-146

【第4章】
《一般書籍》
『アンモナイト学』編：国立科学博物館、著：重田康成、2001年刊行、東海大学出版会
『古生物の総説・分類』編：速水 格、森 啓、1998年刊行、朝倉書店
『三葉虫の謎』著：リチャード・フォーティ、2002年刊行、早川書房
『生命40億年全史』著：リチャード・フォーティ、2003年刊行、草思社
『東大古生物学』編：佐々木猛智、伊藤泰弘、2012年刊行、東海大学出版会
『FOSSIL CRINOIDS』著:H. Hess, W. I. Ausich, C. E. Brett, M. J. Simms, 1999年刊行, Cambridge University Press
『Newtonムック ビジュアルブック骨』2010年刊行、ニュートンプレス
『Reef Evolution』著:Rachel Wood, 1999年刊行, OXFORD UNIVERSITY PRESS
『The Biology of Scorpion』著:Gary A. Polis, 1990年刊行, Stanford University Press
『Treatise on INVERTEBRATE PALEONTOLOGY Part O: Arthopoda1』編:Roger L. Kaesler, 1997年刊行,The Geological Society of America, Inc. and The University of Kansas

《学術論文》
椎野勇太,2012,絶滅生物の形から進化を探る, Ouroboros, Volume 17, Number2, p7-9
鈴木雄太郎, 2002, 三葉虫研究の総説および多様性の変遷, 化石, vol.72, p21-38
Christian Klug, Dieter Korn, 2004, The origin of ammonoid locomotion, Acta Palaeontologica Polonica vol.49, no.2, p235-242
Douglas J. Emlen, 2008, The Evolution of Animal Weapons, Annu. Rev. Ecol. Evol. Syst., vol.39, p387-413
Jan Bohatý, 2011, Revision of the flexible crinoid genus *Ammonicrinus* and a new hypothesis on its life mode, Acta Palaeontologica Polonica, vol.56, no.3, p615-639
Lyall I. Anderson, Paul A. Selden, 1997, Opisthosomal fusion and phylogeny of Palaeozoic Xiphosura. Lethaia, vol.30, p19-31
O. Erik Tetlie, 2007, Distribution and dispersal history of Eurypterida (Chelicerata), Palaeogeography, Palaeoclimatology, Palaeoecology, vol.252, p557-574
Richard Fortey, Brian Chatterton, 2003, A Devonian Trilobite with an Eyeshade, Science, vol. 301, p1689
Robert J. Knell, Darren Naish, Joseph L. Tomkins, David W. E. Hone, 2013, Sexual selection in prehistoric animals: detection and implications, Trends in Ecology & Evolution, vol.28, no.1, p38-47
Robert J. Knell, Richard A. Fortey, 2005, Trilobite spines and beetle horns: sexual selection in the Palaeozoic?, Biol. Lett. vol.1, p196-199

【第5章】
《一般書籍》
『決着！ 恐竜絶滅論争』著：後藤和久、2011年刊行、岩波書店
『絶滅古生物学』著：平野弘道、2006年刊行、岩波書店
『The Late Devonian Mass Extinction』著:George R. McGhee Jr.,1996年刊行,Columbia University Press

【第6章】
《一般書籍》
『恐竜はなぜ鳥に進化したのか』著：ピーター・D・ウォード、2008年刊行、文藝春秋
『脊椎動物の進化 原著第5版』著：エドウィン・H・コルバート、マイケル・モラレス、イーライ・C・ミンコフ、2004年刊行、築地書館
『手足を持った魚たち』著：ジェニファ・クラック、2000年刊行、講談社現代新書
『ヒトのなかの魚、魚のなかのヒト』著：ニール・シュービン、2008年刊行、早川書房
『地球大進化3 大海からの離脱』編：NHK「地球大進化」プロジェクト、2004年刊行、NHK出版
『Newton別冊 恐竜・古生物ILLUSTRATED』2010年刊行、ニュートンプレス
『GAINING GROUND SECOND EDITION』著:Jenifer A. Clack, 2012年刊行, Indiana University Press
『The Rise of Fishes』著:John A. Long,2011年刊行,The Johns Hopkins University Press

《WEBサイト》
2014 New Discovery! *Tiktaalik's* Pelvis & Hind Fin. http://tiktaalik.uchicago.edu/pelvis.html
Discovery of new fossils reveals key link in evolution of hind limbs, 13/Jan/2014, UChicagoNews, http://news.uchicago.edu/article/2014/01/13/discovery-new-fossils-reveals-key-link-evolution-hind-limbs?utm_source=newsmodule

《学術論文》
Catherine A. Boisvert, Elga Mark-Kurik, Per E. Ahlberg, 2008, The pectoral fin of *Panderichthys* and the origin of digits, nature, vol.456, p636-638
Edward B. Daeschler, Neil H. Shubin, Farish A. Jenkins Jr, 2006, A Devonian tetrapod-like fish and the evolution of the tetrapod body plan, nature, vol. 440, p757-763
Grzegorz Niedźwiedzki, Piotr Szrek, Katarzyna Narkiewicz, Marek Narkiewicz, Per E. Ahlberg, 2010, Tetrapod trackways from the early Middle Devonian period of Poland, nature, vol. 463, p43-48
IUCN, 1999, World Heritage Nomination – IUCN Technical Evaluation. Miguasha Provincial Park, Canada. IUCN, Gland, Switzerland. p34-40
Marcus C. Davis, Neil Shubin, Edward B. Daeschler, 2004, A new specimen of *Sauripterus taylori* (Sarcopterygii, Osteichthyes) from the Famennian Catskill Formation of North America, Journal of Vertebrate Paleontology, vol.24, no.1, p26-40

Neil H. Shubin, Edward B. Daeschler, Farish A. Jenkins, Jr., 2014, Pelvic girdle and fin of *Tiktaalik roseae*, PNAS, vol.111, no.3, p893-899

Per E. Ahlberg, Jennifer A. Clack, Ervins Lukševičs, Henning Blom, Ivars Zupiņš, 2008, *Ventastega curonica* and the origin of tetrapod morphology, nature, vol.453, p1199-1204

Stephanie E. Pierce, Jennifer A. Clack, John R. Hutchinson, 2012, Three-dimensional limb joint mobility in the early tetrapod *Ichthyostega*, nature, vol.486, p523-527, research funded by NERC, UK

【エピローグ】
《学術論文》
Robert W. Gess, 2013, The earliest record of terrestrial animals in Gondwana: A scorpion from the Famennian (Late Devonian) Witpoort Formation of South Africa, African Invertebrates, vol.54, no.2, p373-379

Appendix
<一般書籍>
『古生物学事典 第2版』編集:日本古生物学会, 2010年刊行, 朝倉書店
『The Evolution of Plants』著:K. J. willis, J. C. McElwain, 2002年刊行, Oxford University Press

索引　図版掲載ページは太数字

アカンソピゲ *Acanthopyge*	98
アカンタルゲス *Akantharges*	100
アカントステガ *Acanthostega*	120, **121**, **122**, 123, 124, 126, 127, 128
アゴニアタイテス *Agoniatites*	85
アステロキシロン *Asteroxylon*	31, **138**
アデロフサルムス *Adelophthalmus*	**79**, 80
アネトセラス *Anetoceras*	84, **86**
アノマロカリス *Anomalocaris*	10
アランダスピス *Arandaspis*	38
アンモニクリヌス *Ammonicrinus*	81, 82, **83**
イクチオステガ *Ichthyostega*	123, **124**, **125**, 126, 127, 128
インシソスクテム *Incisoscutum*	58
ヴァコニシア *Vachonisia*	**13**, 14
ウェインベルギナ *Weinbergina*	20, **21**, 80, **81**
ヴェンタステガ *Ventastega*	127
エリヴァスピス *Errivaspis*	43
エルドレジオプス *Eldredgeops*	88, **89**
エルベノセラス *Erbenoceras*	84, **86**
エルベノチレ *Erbenochile*	88, **89**, 92
エンテログナトゥス *Entelognathus*	58, **59**, 60
キィルトバクトリテス *Cyrtobactrites*	84, **86**
キシロコリス *Xylokorys*	**12**, 13, 14
キルトメトプス *Cyrtometopus*	97
クアドロプス *Quadrops*	**92**, 93
クラドセラケ *Cladoselache*	**62**, **63**
グリフォグナサス *Griphognathus*	72
クリマティウス *Climatius*	**39**, 65, **66**
ケイロレピス *Cheirolepis*	73
ケッビテス *Chebbites*	85
ケファラスピス *Cephalaspis*	**40**, 41, 42
ゲムエンディナ *Gemuendina*	**20**, 44
ケラトヌルス *Ceratonurus*	**95**, 96
コケニア *Kokenia*	84, 86
コネプルシア *Koneprusia*	96
ゴンドワナスコルピオ *Gondwanascorpio*	129
サウリプテルス *Sauripterus*	**110**, **111**, 112, 123
初期四足動物の足跡化石	**108**, 109
シンダーハンネス *Schinderhannes*	**10**, 11
ジンベイザメ *Rhincodon typus*	60
スポッテッド・ガー *Lepisosteus*	75
タレンティセラス *Talenticeras*	85
ダンクレオステウス *Dunkleosteus*	20, **54**, **55**, 56, 57
チョテコプス *Chotecops*	**22**, 23
ディアボレピス *Diabolepis*	71
ティクターリク *Tiktaalik*	116, **117**, **118**, **119**, 120, 123, 127
ディクラヌルス *Dicranurus*	93, **94**, 95
ディプテルス *Dipterus*	**71**, 72, 73
ディプノリンクス *Dipnorhynchus*	**71**, 72
ディプラカンサス *Diplacanthus*	63, **64**

テラタスピス *Terataspis*	98, **99**	ポリプテルス *Polypterus*	75
ドリアスピス *Doryaspis*	43	ホロプテリギウス *Holopterygius*	**69**, 70
ドリオダス *Doliodus*	61	マテルピスキス *Materpiscis*	52, **53**
ドレパナスピス *Drepanaspis*	**18, 19**, 20	マレッラ *Marrella*	**12**, 13, 14
トレマタスピス *Tremataspis*	**39**, 41	ミグアシャイア *Miguashaia*	68, **69**, 70
ナヘカリス *Nahecaris*	**23**, 24	ミマゴニアタイテス *Mimagoniatites*	85
ネオケラトダス(オーストラリアハイギョ) *Neoceratodus*	**70**, 71, 121	ミメタスター *Mimetaster*	**12**, 13, 14
		ミロクンミンギア *Myllokunmingia*	38
パラスピリファー *Paraspirifer*	**77**, 78	ムクロスピリファー *Mucrospirifer*	78
パレオイソプス *Palaeoisopus*	22	メタバクトリテス *Metabactrites*	84
パレオカリヌス *Palaeocharinus*	**36**, 37	ヤツメウナギ *Lethentheron kassleri*	44
パレオソラスター *Palaeosolaster*	16	ユーステノプテロン *Eusthenopteron*	112, **113**, 114, 115, 116, 119, 123, 128
パンデリクチス *Panderichthys*	**115, 116**, 118, 123	ユーポロステウス *Euporosteus*	**67**, 68
ファコプス *Phacops*	**88**, 90	ユーリプテルス *Eurypterus*	**79**, 80
プテリゴトゥス *Pterygotus*	80	ラティメリア *Latimeria*	**66**, 67, 68, 69
プトマカントゥス *Ptomacanthus*	**64, 65**, 66	リニア *Rhynia*	**30**, 31
フルカ *Furca*	**12**, 13, 14	リニエラ *Rhyniella*	34
フルディア *Hurdia*	**11**, 13	リニオグナサ *Rhyniognatha*	34, **35**
フレボレピス *Phlebolepis*	38	リンコレピス *Rhyncholepis*	39
プロエタス *Proetus*	100, **101**	レノキスティス *Rhenocystis*	17
プロタカルス *Protacarus*	33, **34**	レピドカリス *Lepidocaris*	37
ヘリアンサスター *Helianthaster*	**15**, 16	レノプテルス *Rhenopterus*	21, **79**
ボスリオレピス *Bothriolepis*	44, **45, 46, 47, 48, 49, 50,** 51, 52, 70	ロボバクトリテス *Lobobactrites*	84
B・カナデンシス *B.canadensis*	**45, 46, 47, 48, 49, 50,** 51	ワリセロプス *Walliserops*	**90, 91**, 92, 93
B・ザドニカ *B.zadonica*	47		

索引　学名一覧表

Acanthopyge	アカンソピゲ	*Euporosteus*	ユーポロステウス
Acanthostega	アカントステガ	*Eurypterus*	ユーリプテルス
Adelophthalmus	アデロフサルムス	*Eusthenopteron*	ユーステノプテロン
Agoniatites	アゴニアタイテス	*Furca*	フルカ
Akantharges	アカンタルゲス	*Gemuendina*	ゲムエンディナ
Ammonicrinus	アンモニクリヌス	*Gondwanascorpio*	ゴンドワナスコルピオ
Anetoceras	アネトセラス	*Griphognathus*	グリフォグナサス
Anomalocaris	アノマロカリス	*Helianthaster*	ヘリアンサスター
Arandaspis	アランダスピス	*Holopterygius*	ホロプテリギウス
Asteroxylon	アステロキシロン	*Hurdia*	フルディア
Bothriolepis	ボスリオレピス	*Ichthyostega*	イクチオステガ
B.canadensis	B・カナデンシス	*Incisoscutum*	インシソスクテム
B.zadonica	B・ザドニカ	*Kokenia*	コケニア
Cephalaspis	ケファラスピス	*Koneprusia*	コネプルシア
Ceratonurus	ケラトヌルス	*Latimeria*	ラティメリア
Chebbites	ケッビテス	*Lepidocaris*	レピドカリス
Cheirolepis	ケイロレピス	*Lepisosteus*	スポッテッド・ガー
Chotecops	チョテコプス	*Lethenteron kessleri*	ヤツメウナギ
Cladoselache	クラドセラケ	*Lobobactrites*	ロボバクトリテス
Climatius	クリマティウス	*Marrella*	マレッラ
Cyrtobactrites	キィルトバクトリテス	*Materpiscis*	マテルピスキス
Cyrtometopus	キルトメトプス	*Metabactrites*	メタバクトリテス
Diabolepis	ディアボレピス	*Miguashaia*	ミグアシャイア
Dicranurus	ディクラヌルス	*Mimagoniatites*	ミマゴニアタイテス
Diplacanthus	ディプラカンサス	*Mimetaster*	ミメタスター
Dipnorhynchus	ディプノリンクス	*Mucrospirifer*	ムクロスピリファー
Dipterus	ディプテルス	*Myllokunmingia*	ミロクンミンギア
Doliodus	ドリオダス	*Nahecaris*	ナヘカリス
Doryaspis	ドリアスピス	*Neoceratodus*	ネオケラトダス（オーストラリアハイ
Drepanaspis	ドレパナスピス	*Palaeocharinus*	パレオカリヌス
Dunkleosteus	ダンクレオステウス	*Palaeoisopus*	パレオイソプス
Eldredgeops	エルドレジオプス	*Palaeosolaster*	パレオソラスター
Entelognathus	エンテログナトゥス	*Panderichthys*	パンデリクチス
Erbenoceras	エルベノセラス	*Paraspirifer*	パラスピリファー
Erbenochile	エルベノチレ	*Phacops*	ファコプス
Errivaspis	エリヴァスピス	*Phlebolepis*	フレボレピス

Polypterus	ポリプテルス
Proetus	プロエタス
Protacarus	プロタカルス
Pterygotus	プテリゴトゥス
Ptomacanthus	プトマカントゥス
Quadrops	クアドロプス
Rhenocystis	レノキスティス
Rhenopterus	レヘノプテルス
Rhincodon typus	ジンベイザメ
Rhyncholepis	リンコレピス
Rhynia	リニア
Rhyniella	リニエラ
Rhyniognatha	リニオグナサ
Sauripterus	サウリプテルス
Schinderhannes	シンダーハンネス
Talenticeras	タレンティセラス
Terataspis	テラタスピス
Tiktaalik	ティクターリク
Tremataspis	トレマタスピス
Vachonisia	ヴァコニシア
Ventastega	ヴェンタステガ
Walliserops	ワリセロプス
Weinbergina	ウェインベルギナ
Xylokorys	キシロコリス

Appendix 1
デボン紀前後の植物相

当時、急速に陸上緑化が進行した。ここでは、デボン紀から石炭紀の主要植物をほぼ等縮尺で並べた。

ライニー植物群
デボン紀前期。左から、アグラオフィトン（*Aglaophyton*）、プシロフィトン（*Psilophyton*）、アステロキシロン（*Asteroxylon*）。高さ1mに満たない初期の陸上植物群。

エオスパーマトプテリス
Eospermatopteris
デボン紀後期。「前裸子植物」とよばれる、初期の木質植物。最大樹高は12mに達した。

アルカエオプテリス
Archaeopteris
デボン紀中期〜石炭紀初期。前裸子植物の1種で、エオスパーマトプテリスと並ぶ、初期の木質植物。最大樹高20m。当時、おおいに繁栄した。

カラミテス
Calamites
石炭紀～ジュラ紀。シダ植物。最大樹高10m。現在のトクサの仲間。

シギラリア
Sigillaria
デボン紀～ペルム紀。シダ植物。最大樹高30m。石炭紀に築かれることになる大森林の主要巨木の一つ。

レピドデンドロン
Lepidodendron
デボン紀～三畳紀。シダ植物。最大樹高35m。シギラリアと同じく、石炭紀の大森林の主要巨木の一つ。

Appendix 2

節頸類（板皮類）
リノステウス
Rhinosteus sp.
モロッコ産。
彼らの仲間は、デボン紀の主役だった。
標本長12cm。
（Photo：オフィス ジオパレオント）

141

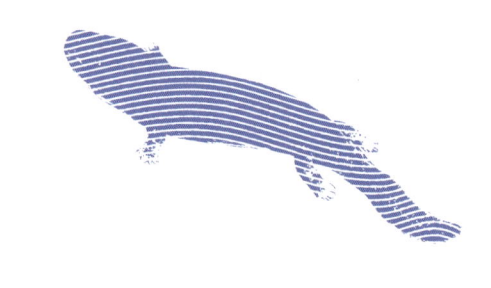

■ 著者略歴

土屋 健(つちや・けん)

オフィス ジオパレオント代表。 サイエンスライター。 埼玉県生まれ。 金沢大学大学院自然科学研究科で修士号を取得（専門は地質学、 古生物学）。 その後、 科学雑誌『Newton』の記者編集者、 サブデスクを担当。 在社時代に執筆・編集した記事は、 地球科学系を中心に宇宙から睡眠、 ロボット、 高校部活動紹介まで多数多彩。 2012年に独立して現職。 フリーランスとして、 日本地質学会が年2回一般向けに発行する広報誌『ジオルジュ』でデスク兼ライターを務めるほか、 雑誌等への執筆記事も多い。 twitter （https://twitter.com/paleont_kt）では、 古生物学や地質学に関連した和文ニュースの紹介を中心に平日毎朝ツイートしている。 最近になって妙にずる賢くなってきた愛犬との散歩が日課。 近著に『大人のための「恐竜学」』（祥伝社新書）、『エディアカラ紀・カンブリア紀の生物』『オルドビス紀・シルル紀の生物』（ともに技術評論社）、『図鑑大好き！』（共著：彩流社）など

■ 監修団体紹介

群馬県立自然史博物館(ぐんまけんりつしぜんしはくぶつかん)

世界遺産「富岡製糸場」で知られる群馬県富岡市にあり、 地球と生命の歴史、 群馬県の豊かな自然を紹介している。 1996年開館の「見て・触れて・発見できる」博物館。 常設展示「地球の時代」には、 全長15mのカマラサウルスの実物骨格やブラキオサウルスの全身骨格、 ティランノサウルス実物大ロボット、 トリケラトプスの産状復元と全身骨格などの恐竜をはじめ、 三葉虫の進化系統樹やウミサソリ、 皮膚の印象が残ったヒゲクジラ類化石やヤベオオツノジカの全身骨格などが展示されている。 そのほかにも、 群馬県の豊かな自然を再現したいくつものジオラマ、 ダーウィン直筆の手紙、 アウストラロピテクスなど化石人類のジオラマなどが並んでいる。 企画展も年に3回開催。
http://www.gmnh.pref.gunma.jp/

■ 古生物イラスト

えるしま　さく

多摩美術大学日本画学科卒業。 挿絵博物学をテーマにしたTシャツブランド「パイライトスマイル」のイラストレーター。 その他媒体にもイラストを提供しており、 書籍『鳥類学者 無謀にも恐竜を語る』（技術評論社）の挿絵が大好評。生き物と鉱物が好き。
「パイライトスマイル」 http://pyritesmile.shop-pro.jp
毛漫画ブログ→「召喚獣猫の手」 http://erushimasaku.blog65.fc2.com/

```
        編集 ■ ドゥ アンド ドゥ プランニング有限会社
装幀・本文デザイン ■ 横山明彦(WSB inc.)
    古生物イラスト ■ えるしまさく
       シーン復元 ■ 小堀文彦(AEDEAGUS)
          作図 ■ 土屋香
```

生物ミステリー PRO
デボン紀の生物

発 行 日	2014年 8月25日 初版 第1刷発行
	2023年 4月25日 初版 第4刷発行
著　　者	土屋　健
発 行 者	片岡　巌
発 行 所	株式会社技術評論社
	東京都新宿区市谷左内町21-13
	電話　03-3513-6150 販売促進部
	03-3267-2270 書籍編集部
印刷／製本	大日本印刷株式会社

定価はカバーに表示してあります。
本書の一部または全部を著作権法の定める範囲を超え、無断で複写、複製、転載あるいはファイルに落とすことを禁じます。

©2014 土屋 健
　　　ドゥアンドドゥプランニング有限会社

造本には細心の注意を払っておりますが、万一、乱丁（ページの乱れ）や落丁（ページの抜け）がございましたら、小社販売促進部までお送りください。
送料小社負担にてお取り替えいたします。

ISBN978-4-7741-6589-9 C3045
Printed in Japan